芥子之境

原 作 的 建 构 实 验

The Spirit of Smallness

Exploring Architectural Tectonics
by the Original Design Studio

章 明　　张 姿　　著

芥子之境

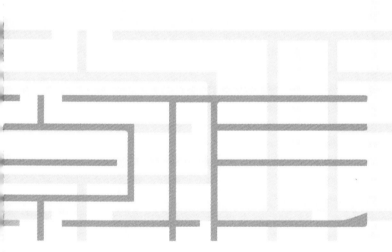

原作的建构实验

章明 张姿 著

中国建筑工业出版社

芥子须弥

夏末秋初

芥子的果实成熟了

不起眼的土黄色微粒

落入尘土中的那一刻

一定不会料到

有人将它与须弥并论

须弥也许并不是一座山

而是微小个体的精神世界

累积成的宏大幻境

说芥子纳须弥的人

有着丰富而敏感的空间想象

至少能看到

芥子与须弥是同构的

那个渺小的身体里藏着完整的精神世界

可以低到尘埃

也可以大到包容所有

序言：寓小之大

郑时龄

中国古典园林的设计手法之一是小中见大，这是为了在有限的空间中刻意以人为的干预让人们不辨方位，将微型的空间在想象中无限放大，实际上是以小求大，是"虽由人作，宛若天开"的雕凿。而建筑师章明和张姿创建的原作设计工作室在小作品中以匠心表现宽广的情怀，以须麋般微小之芥子，显示须弥般的伟岸。在当前普遍追求宏大叙事和大手笔的风尚中始终如一地执着，坚守建筑师的信念。

正如古人所追求的以径寸之木，因势象形，在微小中表现纯真，平和地描写可能发生的事，在虚拟的设计中建构未来。纵观原作设计工作室的创作历程，多专注于中小项目，大建筑师做小建筑，以"大"的眼界去同构、去因借、去回应、去反思"小"。他们的作品以文化建筑、景观建筑和小型公共建筑为主，体量虽不怎么宏大，却可以由建筑师得心应手去掌控，推敲空间和细部，让设计思想超越建筑体量和形象的空间约束。就像一首首流畅的散文诗，不似长篇大论那样有感官上的冲击力，却有着隽永的意境，去包容世界，让人流连忘返，回味无穷。

纵观他们的作品，可以发现建筑师在不断成长，不断演化，不断探索，也不断历练，不同的时期有着风格和技法上的差异，也有着向各个方向探索的尝试。正因为如此，他们的作品更像是一组组奏鸣曲，汇聚在一起也相当壮丽辉煌。一位富于创造性的建筑师应当也是文学家，既用建筑表达并创造诗意的空间，也用笔表达并创造诗文的空间，这样的空间才是具有深度和广度的空间。最为难能可贵的是原作设计工作室既创造了作品，也留下了思想，作品的形式是追随思想的生成结果。

原作设计工作室创作的作品的数量和获得的国内外建筑奖项极为可观，建筑媒体纷纷专辑或专篇报导建筑师的作品和思想，学术活动中也经常可以见到他们的身影，可以说建筑界的奖项都落在了这家建筑师事务所上，说明了业界和社会对他们的褒奖和认同。原作设计工作室的主持建筑师章明说过："我们从未将既有建筑框架视为创造的制约。它更类似于一种默契或约定，尤其是当既有框架或条件充满了值得探讨的意味时。在反复试探与了解彼此的努力中，创造的过程会显得更富有挑战性，更耐人寻味，并屡屡成为触发灵感与达成默契的良机。"

作为建筑师，同时也是教授，既是建筑师，也是理论家、艺术家和工程师，是有思想的建筑师。原作设计工作室有三只眼睛，观察过去、当下和未来，正如法国建筑师和建筑理论家德洛尔姆所说的那样：真正的建筑师有四只手、四个耳朵和三只眼睛，一只眼睛展望历史，一只眼睛观察并评价当下的世界，第三只眼睛则预见未来。

2021 年 5 月 14 日

前言：芥子须弥

章明/张姿

1. 同构的小

芥子须弥谈论的不是大与小的问题，而是大与小在连续性的通道中存在的同构关系。就像这个集子中收录的建筑，虽然被人为地界定在面积两千平方米以下，却是属于"一石之嶙，可以为文。一水之波，可以写意"[1] 的用心之作。

中国传统语境中有许多关于微小与宏大之间同构关系的体悟，大多包含着东方文化中人对于自然的依存与自立的双重态度。在自然宏观的"大"的属性之前，个体自然就退回到微观的"小"的属性。但"小"并不因此而受到忽视，因为它与"大"的组织、运行、变化有着一致的内在规律。所谓的家国同构、园林与山水同构，都是基于同样的认知。这大致类似于黑川雅之"自我之中有自然"的阐述，他认为"若把自然客体化、对象化，就看不见自然；而渗入、完全依存于自然，反倒能看见自然"[2]。"看世界的坐标，在于极细微处"[3]。

个体的力量是通过"小"创造一种递进的序列，一种延伸的连续的关联，一种与更广博的"大"紧密相通的过程。这种大与小同构的思想在 20 世纪工业革命以后受到巨大冲击，人们笃信技术至上，并通过技术创造的"大"与自然宏观的"大"相抗衡。

我们选出的第一部分案例都指向一个主题："小"是对于建筑被赋予过多的期望而偏离本身状态的一种修正。就是将我们熟知的"大"分解再构为与之同构的"小"。并从"小"的关系始发，避免从一开始就滑落到主体意识中去，不再以控制全局、贯穿始终的"大"的逻辑性作为唯一标准。

当初对杨浦滨江的预期是将一个雄心勃勃的构想分解在每一处挖掘与设计中，消化于江边的每块碎石和每株草木里。这种宏大与细微并存的思考方式促成了一个不断成长的场所，成就了锚固于场所的物质留存与游离于场所的诗意呈现。"人人"系列（人人屋、人人馆）中采取了一种"化大为小，再以小连缀为大"的策略来实现"还江于民"[4] 的初衷。"拆解"的依据始于场地中百年木行（木材加工厂）的残存信息，并将其拓展到新的景观脉络的建构之中，最后延伸到颗粒化的建筑节点，外化为通过"小"单元拼接形成整体受力、共同作用的钢木结构。这样被拆解的"小"

建立起一个可追寻、可阅读的系统，使人们可以利用它去解析场所信息背后的历史关联。

尺度合宜的"小"更能恰如其分地连缀成关联的系统，而"小"本身则成为关联的线索。杨浦滨江贯通工程的示范段中，"小"成为以人体尺度唤起身体记忆的方式：从呈现真实锈蚀效果的材料实验（锈板）到使用工业物件制作的水管灯，再到场地断点的钢栈桥处理。以"小"的景观节点回应物理和关系层面的连接，从而串联起整个场所。于是，关联的建筑所提供的信息不再仅仅来源于本体，而是同它周围的其他要素集结成为一个整体而被接受。这类似于中国传统文化中的"游目"[5]：在非同时、非同地的景物片段中，局部的关系有如展开式的画卷先后呈现。它们虽然并置于场所之中，却动态地透露出层层递进的关系，最后在人的意识之中形成能动性的关联，从而滋生出混全的整体观想。

尺度合宜的"小"更能诠释城市是各种细微变化之集成，而非割裂的巨变与断崖。所有的建设都建立在尊重既有场所脉络与特征的基础上，经历岁月沉积、风雨雕琢而缓慢演变。城市空间特征以一种类似时间剖断面的图示化方式呈现出来：既有的与新建的、完成的与未完成的彼此交织，叠合成一个浑然的整体，使生活在其中的人们可以在场所中追溯和体验。它建立起一个关联的脉络：让城市的昨天、今天与明天在一个连续不断的轨迹上相互对望。而不是让它告别一个荒芜的过去，或是为它嫁接一个无本无源的乌托邦式的未来。

2. 因借的小

芥子须弥谈论的不是大与小的问题，而是大与小在依存关系中互为因借的不可分割的状态。看似自立的个体不过是无法与外界切割的持续流淌的生命。也就是说，不可能有真正自立的个体。

"巧于因借，精在体宜"是中国传统造园最为精辟的原则和手段。"因"是讲如何利用园内的自然条件加以改造加工。而"借"则是指园内外的联系。它的原则是"极目所至，俗则屏之，嘉则收之"[6]。而因借的核心则是对于自立与依存的思考，认为自立其实是一种极致的依存。

日本人关于内与外同质性的描述也包含因借的思考。"由房间内向外，有内走廊、外走廊、再往前连接着庭院，在庭院的围墙之外是近处的风景，风景之外是可供借景的远山。它从主人所在的、可以全身感知到的近距离室内空间开始，不断向外一直延伸到宇宙，是从局部到整体的延伸方式。"[7] 就像圆通寺的处理方式一样，可以让你明显地感受到它对外部空间所持有的态度——一种包含敬意的亲密感。

我们选出的第二部分案例都指向一个主题："小"是将我们熟悉的对"大"的抵抗恢复为对"大"的依存。尤其当场地内外存在强有力的元素时，"小"更容易与之形成一种依存关系，进而促使整体以互为因借的状态来彰显场地原有的特征。

净水池咖啡厅是因借场地中原有的杨树浦电厂净水池，通过连续劈锥壳体结构平衡了相邻单元间的水平推力，从而完成了藏匿于遗存、轻凌于水面的屋盖系统，内部的无柱空间获得与遗迹地景的良好沟通。桩亭的设计起点从工地上常见的钢板维护桩凹凸转折、相互咬合的工作机制出发，形成建筑与场地的一体化建构，与原车间建筑群落的残柱及基础共同讲述了曾经的电厂故事。依托于场所关系而生长起来的"小"建筑，锚固在场所之中，充满着超越场所又延续场所精神的旺盛生命力。它们相互交错、交织形成的细密网络，不动声色地消弭着那些时代断裂所产生的隔阂。

盘绕于旧桥墩和老树间的介亭是希望通过特殊的方式"唤醒"场地记忆，将苏州河边废弃的桥墩激活并参与到苏州河公共空间的场所对话之中。茅洲河畔的悬亭则是因借场地中既有的一组龙门吊，采取吊挂方式形成一组悬浮于湿地之上的驿站。林景驿是利用景观河岸的坡度，以单坡屋顶与景观堆坡一体化的方式实现木构驿站与自然生态景观的融合，同时兼顾了朝向城市一侧的自然消隐与朝向水岸侧的轻盈通透。

3. 回应的小

芥子须弥谈论的不是大与小的问题，而是对于所谓的"大"有着敏锐的回应性的"小"。

城市从本质上是各类资源的集合体，其运作的核心在于人与人、组织与组织之间的合作机制。如今这种运作正在趋向前所未有的分裂状态，城市用地边界变得越来越泾渭分明与不可触碰，其中的建筑体量在各自的基地内垂直增长，加之受制于退界条件的规范限定，变成了不假外求的"独立体"[8]。戴维·莱瑟巴罗更倾向把建筑的孤立性归结于新技术支持的"技术体"的"无回应性"[9]。而实际上除了新技术的影响，现有的规划观念与建筑策略也常被理解为一个涉及经济、技术因素的抽象过程。这种抽象过程不仅强化了建筑作为"技术体"的独立与自循环状态，也助长了"技术体"的日趋庞大。回应的"小"的思考发端于此。

回应"大"的"小"，更利于在空间上相互连缀，让不同使用功能的空间彼此包容与叠合，让来自不同实体、不同媒介、处于不同理由的行为能够融洽地结合在一起。它是一种"修正式"而非"变革式"的思维方式，是通过对"技术体"的"大"的分解完成对"非回应性"的修正。将城市中的空间现象放回到"人的意志和行为"的语境中，构建起一个时间、空间、人相互关联的"回应性"体系。

九子公园里的纸鸢屋和亭厕以一种不同以往的方式呈现混凝土的力量，从一种常见的凝固状态过渡到一种流动的蔓延状态。这使得它们与紧邻的厚重的高架桥的关系并不违和，同时朝向公园则表现出更为亲近柔和的一面，就像我们对城市中既有设施的一贯态度——既不排斥也不屈就。空间艺术季安检棚与船坞论坛则是为实现快速建造而在选址、选材、建筑结构体系、构造处理等方面采用最为合宜的准则。两者都采用易加工、标准化、模块化的成品构件，以小单元间更为紧密且富有成效的合作来适应复杂的空间形态，是对时间与成本双重控制下的临时建造的积极回应。

4. 反思的小

芥子须弥谈论的不是大与小的问题，而是能反思"大"的"小"。当年赖特将桂离宫称为奇迹令日本人都略感诧异，倒不是赖特认定奇迹的精髓在于"关系的样式"[10]，即所谓"构件相互间的关系"[11]，而是他坚信在这长满青苔的庭院中隐藏着某种超越现代主义的东西。但当时的日本却希望他能带来现代主义的强劲之风。

路易·康认为的这种超越隐藏在斯卡帕建筑的细部之中，称其"细部是对自然无上的崇敬"[12]。斯卡帕的细部其实是他"习惯将小想成大"思考方式的映射，他的空间是由许多被"想大"之后的小东西所组合成的世界。在当时"伟大的成就"与"纪念化的壮举"成为趋势的现代主义时空框架下，斯卡帕却在不断谈论"卑微"与"细小"，似乎他认为只有这样将小化为大，化成能量上的累积后建筑方能呈现其魅力。或者，他只是以"细小"作为不愿被时代的"宏大"所裹挟的内心抵抗。在当代，人们借助现代科技手段实现了从一个空间到另一个空间的便捷轮转。但空间生产的高效也带来了城市公共生活空间疏离化和碎片化的趋势，以及趋于封闭的自循环体系和越来越微弱的外部回应。

我们的内心抵抗则更指向被现代科技吞噬的原本人们可以自由支配的"冗余空间"。"亭林有座"是受母校之托为建筑系馆更新一处界定模糊的交流场所。于是，我们借系馆一隅进行了一直想尝试的空间反转的实验，希望通过房间和家具之间的反转去除先入为主的固有观念，从而得到意外的收获。后来这样的实验从室内延伸到室外场地，出现了飞鸟亭和燕几之翼。立于苏州河边的飞鸟亭，面对的场所关系更为复杂：不仅受限于场地原有地下设施的承重能力与基础桩位的位置，还要解决防汛墙及闸口的关系。与场地复杂关系的应对不同，燕几之翼面对的是深圳茅洲河边一片已经平整好的放置了若干儿童活动器械的空旷场地。燕几之翼是对"器械＋平地""儿童＋活动"的儿童乐园常规模式的反思。实际上，儿童通过这个场所应该可以获得更多触摸世界的可能，它同时还隐含父母的需求、亲子的互动、家庭及游客驿站的意义，等等。因此我们尝试给出一种解答，因借场地原本地形和建筑的形态，由定制的三角形构件来铺展立体的、多元的活动，交织为一个充满张力的、在丛林中蔓延的童趣世界。活动的探讨在燕罗体育公园中延伸到更大型的室外体育场地，以期在推动竞技体育走向日常健身的转变过程中"小"有所为。苏州河畔中石化第一加油站是对司空见惯的加油站模式的反思与突破。它希望将城市的资源与功能体复合与叠加，从而产生协同与合作的关系；其旁的樱花谷则希望在城市中能够有更多的交界（borders）和更少的边界（boundaries）[13]；希望在城市中充满可渗透的（permeable）、边界消解的空间——内向的与开放的、正式的与非正式的。基础设施不再永远隐藏在城市的"背面"，而变得更加触手可及。它在物理层面上打开城市的一角，使生活在其中的人们获得更加复杂与丰富的经历，获得更多开放的、意料之外的机会。

无论是跳脱常规模式的掣肘，还是在城市更新背景下叠合生长的探索，我们始终希望通过空间建构可以将人、场所、环境连接为一个共同体。以建筑之小适应广阔的、持续的、多样性的生存可能；以建筑之小回应复杂的、动态的、关联的社会网络；以建筑之小表达对世界中庞杂的、丰富的、迥异的事物的尊重理解；以建筑之小体现对过去的、当下的、未来的时空链接的充分关注。

就像芥子渺小而倔强的身体里藏着完整的世界，看似低入尘埃，却可以大到包容所有。

前言参考文献：
[1]   张姿. 关系的散文 [J]. 城市环境设计，2015（01）：50.
[2]   黑川雅芝. 依存与自立：日本建筑的自然之心 [M]. 张颖，译. 北京：中信出版社，2018：58.
[3]   黑川雅芝. 日本的八个审美意识 [M]. 王超鹰，张迎星，译. 北京：中信出版社，2018：18.
[4]   章明，张姿，张洁，等. 涤岸之兴——上海杨浦滨江南段滨水公共空间的复兴 [J]. 建筑学报，2019（08）：16–26.
[5]   章明，张姿. 游目与观想 [J]. 城市环境设计，2015（01）：130–137.
[6]   （明）计成. 园冶注释 [M]. 北京：中国建筑工业出版社，1981.
[7]   黑川雅芝. 日本的八个审美意识 [M]. 王超鹰，张迎星，译. 北京：中信出版社，2018：9.
[8]   章明，张姿，张洁，等. "丘陵城市" 与其 "回应性" 体系——上海杨浦滨江 "绿之丘" [J]. 建筑学报，2020（01）：1–7.
[9]   戴维·莱瑟巴罗，李劢. 回应性建造——作为地形学关系之网络的建筑 [J]. 建筑学报，2019（10）：21–26.
[10]   布鲁诺·陶特. 日本美的构造：布鲁诺·陶特眼中的日本美 [M]. 上海：上海人民美术出版社，2021：15.
[11]   隈研吾. 自然的建筑 [M]. 陈菁，译. 济南：山东人民出版社，2018：20.
[12]   KAHN L I. Conversations with students (Architecture at rice) [M]. New York: Princeton Architectural Press, 1998: 95.
[13]   鞠曦，章明，秦曙. 绿之丘——上海杨浦滨江原烟草公司机修仓库更新改造 [J]. 时代建筑，2020（01）：92–99.

CONTENTS

目录

THE EXPLORATION OF " RESPONSE "
回应的小

THE EXPLORATION OF INTROSPECTION
反思的小

同　　构　　的　　小

芥子须弥谈论的不是大与小的问题，而是大与小在
连续性的通道中存在的同构关系。

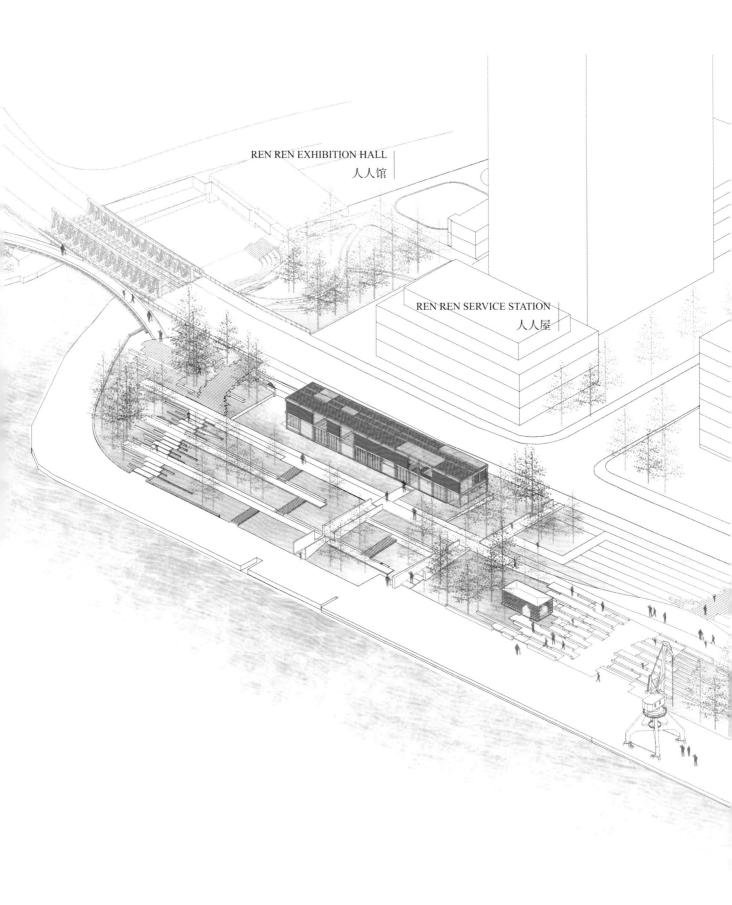

REN REN EXHIBITION HALL
人人馆

REN REN SERVICE STATION
人人屋

THE EXPLORATION OF ISOMORPHISM: REN REN SERIES
"人人" 系列

宏大与细微并存的思考方式促成了一个不断成长的场所，成就了锚固于场所的物质留存与游离于场所的诗意呈现。"人人" 系列中采取了一种"化大为小，再以小连缀为大"的策略来实现"还江于民"的初衷。

融入江岸景观的杨树浦驿站鸟瞰

01

REN REN SERVICE STATION

人 人 屋

上 海 杨 浦 滨 江 杨 树 浦 港 东 侧 · 2018.03 – 2018.07 · 72m^2

施工过程

人人屋是杨浦滨江南段公共空间的一处滨水驿站。它是向每一位市民敞开的提供休憩驻
留、日常服务、医疗救助的温暖小屋，故取名为"人人屋"。

驿站木构的温润之光

一、源自场地历史的材质特征

杨浦滨江从 19 世纪末开始逐步成为工厂聚集地，到 20 世纪 30 年代，发展成为远东重要的工业区，在上海乃至中国的近代历程中发挥过重要的作用，被誉为中国近代工业的发祥地。

时至今日，百年的工业历程塑造了整个区域的历史文脉，成为城市更新过程中不能回避的重要因素。在杨浦滨江，每一段江岸都能追溯到一个历史悠久的工业厂址。人人屋的所在场地也不例外，其所在区域是祥泰木行（始于1902 年）的旧址。据周边老产业工人回忆，直到 20 世纪 90 年代还有大量直径 1m 以上的木材在这段沿江区域运输、加工、分解。

我们希望这些关于场地的近百年的历程能被人们记住，能成为周边居民津津乐道的故事，因此我们从一开始便确定了采用钢木结构的策略，希望温润的木质能够唤起人们对这段滨江历史的回顾与感知。

二、激活场地空间的功能介入

原先上海公共水岸资源十分有限，尤其是长期作为工业用地的杨浦滨江地区。对滨江亲水空间的期待产生了巨大的客流量。仅在 2016 年国庆三天假期，杨浦滨江示范段的参观人数就达到 10 万人次。这也使得人们对滨水空间在观景休闲之余有了更多的需要——更加丰富完备的活动内容。

雨后掩映于小树林中的人人屋

栅格化处理后的场地鸟瞰

人人屋所在的滨水区段为塔吊演艺区。以塔吊为背景、以码头为舞台、以绿地条椅为看台，夜晚时常有露天电影放映和各种民间文艺演出。人人屋作为滨水驿站，提供了直饮水、医疗急救、全息沙盘、微型图书室等服务，完善了日常性的功能。而当该区域举行文艺表演时，驿站也能作为舞台的辅助用房，完善了整个区段的功能设定。

三、作为表征的外置结构系统

从设计的一开始，人人屋就被想象成为掩映在树林之中的小驿站。首先我们希望人们置身其中的感受是同周边环境融合，不作截然的分离，当然也不会是毫无遮掩的暴露。在我们的想象中从道路或是码头步入树林，再由树林步入小屋，会是一个逐步由开放走向静谧的过程，所以我们希望建筑的外界面能够成为树林的一种延续，使得内部与外部保持一种连续的、独特的空间体验。这就需要采用一个有厚度的朦胧界面作为建筑内部同外部之间的过渡。

然而这样的一个界面，我们并不希望它是一个完全的装饰性构件，而是希望用结构体系本身来形成这样一层朦胧的界面，从而更好地强化这种延续性。在混凝土结构和钢结构主导行业的今天，大多数情况下，大家对木结构的各项性能并不熟悉，所以木材在很多时候仅被作为装饰构件来使用。但如果能将木材作为结构构件使用并呈现的话，常能收获令人惊喜的建构美感，空间和结构会更为统一，建筑本身也会呈现出更强的可读性。

有厚度的朦胧界面

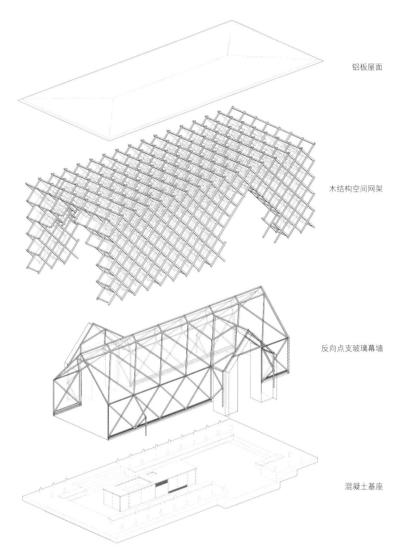

铝板屋面

木结构空间网架

反向点支玻璃幕墙

混凝土基座

建构拆解分析图

　　木结构发展到今天，已经历了工业化的洗礼，出现了多种成熟的现代木结构体系。其中以胶合结构材为主导、以钢节点为主要衔接方式的钢木结构是现代木结构非常有特色和代表性的一个类型。滨水岸线不仅要包含过去，更需要映射当下和未来，这也引导我们采用具有现代木结构特色的钢木结构来搭建"人人屋"。

　　在结构体系选择上，我们摒弃了构件粗大的梁柱结构，取而代之的是用相互连接的细密构件形成共同作用的结构系统。外置的木构架成为滨水景观中的重要元素，使"人人屋"在密林草丛之中折射出木构建筑的温润之光。

　　木结构的设计以人字形落地杆件为基本单元，不断重复并相互支撑形成整体空间结构；在这样一个基本网格的空间体系中，再反向掏出一个小屋形态的内部空间；这也是取名"人人屋"的另一层含义。

作为党群服务站后的入口步道

融入滨江景观的木构架

空间结构单元以 800mm 作为基本模数，总高 4.6m，长 13.6m，宽 6.4m。从短轴方向看来，木构体系由八榀木斜杆形成的空间结构组成，四榀直接落地，四榀悬空。在木空间结构的内侧为玻璃幕墙体系，幕墙的分割方式同木结构空降网架相对位，形成空间钢框架结构。从而形成了有充分刚度的钢木组合空间网架体系，即将四榀悬空的木斜杆结构通过钢节点连接件与内侧空间钢框架结构有效连接，从而形成钢木整体受力空间结构体系。

对于外围木斜杆空间结构体系的受力规律如下：在竖向荷载作用和风荷载作用下，落地区域的斜杆主要受轴力作用，弯矩值相对较小，非落地区域的斜杆主要受弯矩作用，轴力值相对较小。由此可见，该结构体系空间受力特点明显，受力分工也很明确。经复核，采用观感与受力性能均较好的欧洲云杉胶合木材，斜杆截面可做到 60mm×60mm。另外，考虑到水平支撑杆为纯轴向受力构件用来提高结构横向抗侧刚度，构件截面可做到 40mm×40mm。

对于内部空间钢框架结构体系，其横向抗侧刚度为受力薄弱点，设计中巧妙地利用两侧端部门头形成空间桁架，同时在近端跨处增设一小桁架，受力分析结果表明，增设该空间桁架后结构的侧向变形由 20mm 减小到 10mm，效果显著。此外，为达到轻巧的建筑体验，钢框架构件截面尺寸也做到了极致，为 50mm 宽的方钢管。

钢木整体受力空间结构体系受力过程如下：在竖向荷载作用下，内部钢框架结构给予外围木空间结构未落地部分以竖向支撑；在风荷载作用下，轻巧的铝合金屋面受到向上风吸作用，与其直接连接的木结构将该拔力传动到内部钢框架并同步向上，从而减小其变形量。

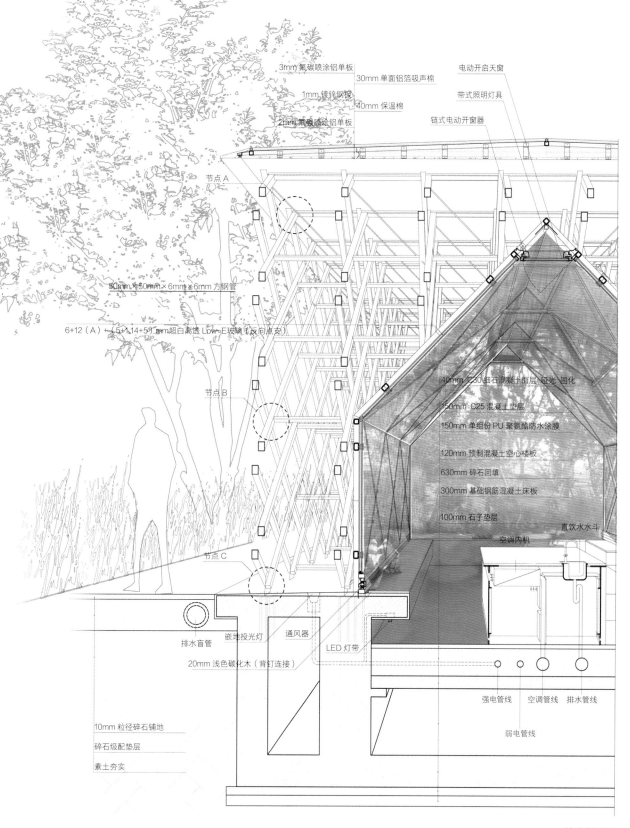

3mm 氟碳喷涂铝单板
30mm 单面铝箔吸声棉
1mm 镀锌钢板
40mm 保温棉
2mm 氟碳喷涂铝单板

电动开启天窗
带式照明灯具
链式电动开窗器

节点 A

50mm×50mm×6mm×6mm 方钢管

6+12（A）+（5+1.14+5）mm超白高透 Low-E玻璃（反向点支）

节点 B

40mm C30 细石混凝土面层 哑光 固化
150mm C25 混凝土垫层
150mm 单组份 PU 聚氨酯防水涂膜
120mm 预制混凝土空心楼板
630mm 碎石回填
300mm 基础钢筋混凝土床板
100mm 石子垫层

直饮水水斗
空调内机

节点 C

排水盲管
嵌地投光灯
通风器
LED 灯带
20mm 浅色碳化木（背钉连接）

强电管线　空调管线　排水管线
弱电管线

10mm 粒径碎石铺地
碎石级配垫层
素土夯实

墙身剖透视

四、快速建造的预制拼装体系

我们在 2018 年 2 月上旬春节前夕接到设计任务，直到 4 月底方案才得以最终确认，同时要求项目于 7 月 1 日完成建设并投入使用。2 个月从方案到施工图再到完成建设，时间极其紧张。得益于采用了构件标准化、工厂预制、现场拼装的现代钢木结构体系，我们在这样的工期下依然能够保证较高的完成度。

钢木结构作为装配化建筑，在完全实现工厂预制、现场拼装的过程中，最关键的环节便是对连接节点的精巧设计，而节点设计中需综合考虑满足受力要求、建筑效果美观、拼装便利可实施等因素。

1. 屋顶设纵向连接杆的木交叉斜杆与水平支撑杆连接处的加长版 T 形钢连接件

屋顶处木交叉斜杆与水平支撑杆连接处因设有纵向连接杆，在钢连接节点设计时，将 T 形钢连接件的两侧翼缘进行加长，通过 6 个螺钉将纵向连接杆固定于加长的 T 形钢连接件翼缘。

对于钢木组合结构，合理地组织建造装配过程非常重要。该项目在极其紧张的工期压力下，部分工种施工不可避免地出现了交叉施工，一个充分优化、合理组织的装配过程尤为关键：由内而外，由下而上，先安装内部空间钢框架结构，再逐个对称安装外围各榀木斜杆组成的空间结构，之后固定木水平支撑杆，同时将中间四榀木架连接于钢框架之上，最后安装铝合金屋面，内挂玻璃幕墙。

2. 木交叉斜杆与水平支撑杆连接处的 T 形钢连接件

该项目典型的连接节点为木交叉斜杆与水平支撑杆的连接，这里巧妙地采用 T 形钢连接件：首先，一个大头螺钉从外侧钉入交叉斜杆节点中心；然后，交叉斜杆节点内侧通过 4 个自攻螺钉

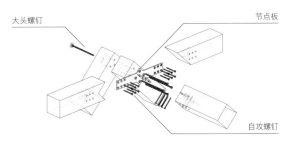

木架结构节点A

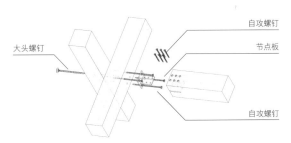

木架结构节点B

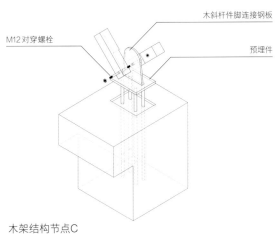

木架结构节点C

双侧通透而纯净的玻璃景窗

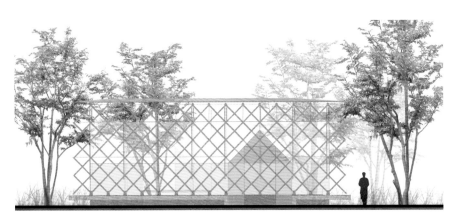

人人屋立面图

屋顶电动开启扇

为实现侧面通透纯净的玻璃界面，使得在这里休憩的民众能够更好地感受江岸的风景，人人屋对于空调设备等进行了精心的布置。空调新风系统及洗手池、智能屏幕等都被整合在操作台以下，统一设置排风孔，并配合顶部电动开启扇，营造良好的通风环境。

将 T 形钢节点板翼缘与交叉斜杆连接；最后，将 T 形钢节点板腹板插入开槽的水平支撑杆，并通过 4 个螺钉进行固定连接。该 T 形钢连接件节点做法结合了整个木结构体系的拼装过程，不仅满足受力要求，而且便于现场安装，效果简洁美观，同时增强了连接节点刚度，实现了"强节点、弱构件"的设计理念。

3. 木交叉斜杆柱脚节点

木交叉斜杆在柱脚处设计为铰接节点，为便于与基础混凝土连接，先将带有锚筋的钢板埋置于混凝土基础内，之后通过对穿螺栓将交叉斜杆固定于半弧形钢板上，并设双螺母放松。

木材本身具有特殊的人文和艺术属性，现代木结构体系为我们使用木材创造了更多的可能性。钢木复合、构件互联、整体作用、胶合改性、预制拼装，都为我们今天使用木结构展开了更加广阔的天地。

绿植掩映下的内部空间

人人馆与滨江绿地

02

REN REN EXHIBITION HALL

人 人 馆

上海杨浦滨江南段·2015.06 – 2017.06(2020.10改造)·1410m²

建造过程

　　人人馆——杨浦滨江公共空间二期的配套服务用房、杨浦滨江人民城市建设展示馆，位于黄浦江边杨树浦港"人人屋"西北方向，这里曾是始建于1902年的祥泰木行旧址。总建筑面积 1410m²，为地上 2 层、地下 1 层建筑，其中地下层及地面首层为混凝土结构，地上 2 层为木结构。地上面积为 755m²，地下面积为 655m²，建筑高度 8m。

因其上下分离的体量特征和绝佳的观景位置，人人馆也被称为"坐石观云"。

沿江立面上下体量分离特征

二层观江平台

材料的比对建构

　　建筑形体在规则长方形的基础上植入通透的中间层，使 60m 长的体量拆
分为上下两个部分：上部为轻盈温暖的木材，下部为厚重沉稳的混凝土。上
部形体的一部分向下延伸，下部形体的一部分向上拓展，形成交融与渗透的
关系。

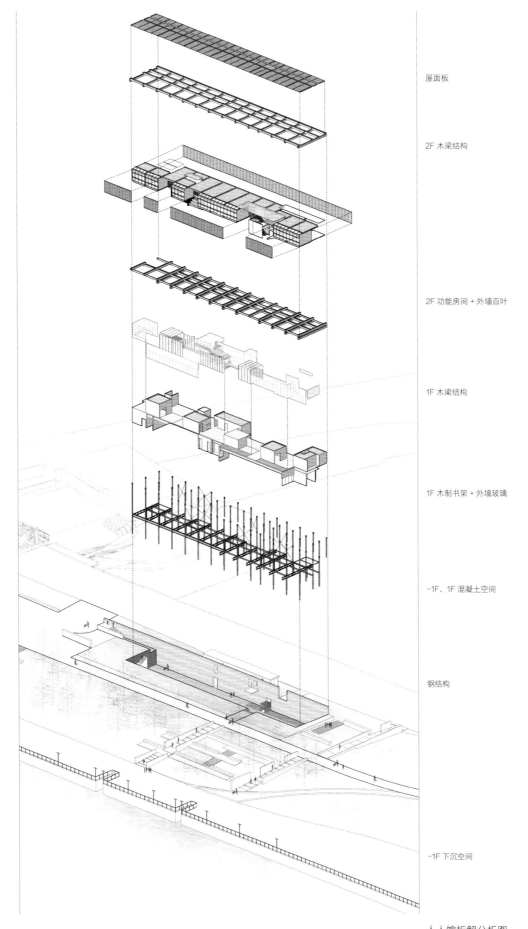

屋面板

2F 木梁结构

2F 功能房间 + 外墙百叶

1F 木梁结构

1F 木制书架 + 外墙玻璃

-1F、1F 混凝土空间

钢结构

-1F 下沉空间

人人馆拆解分析图

西侧下沉入口

北侧混凝土与纵横叠梁

建筑地面以上部分采用纵横木梁错叠铰支钢木复合结构，地下基坑及地下室外墙为混凝土结构，地下一层及一层为钢结构框架结构，地上二层为钢木混合结构。上部结构采用钢柱、木梁的结构体系，钢柱截面为150mm×200mm，木梁截面为180mm×400mm。木梁采用双梁夹钢柱、纵横分离叠加的形式。

被拆解的"小"建立起一个可追寻、可阅读的系统，使人们可以利用它去解
析场所信息背后的历史关联。

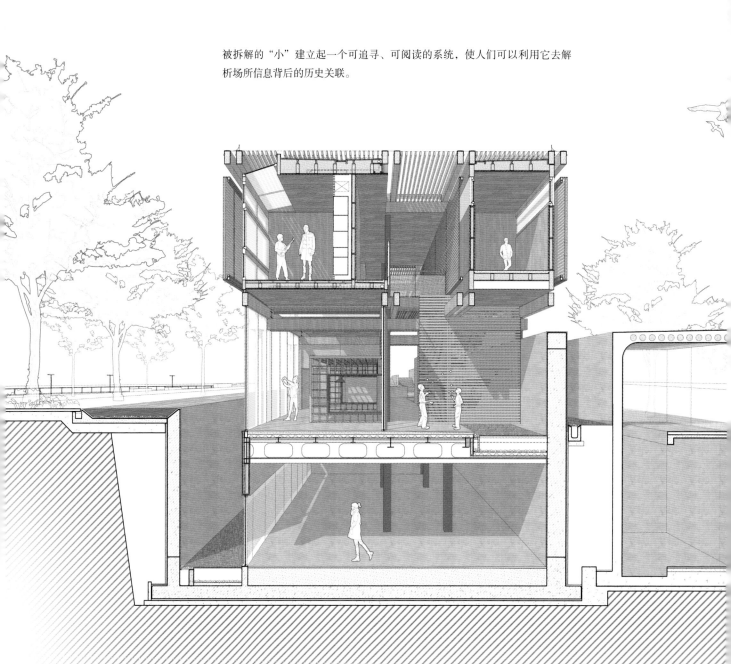

依据场地物质留存（祥泰木行场地隔墙）演绎的入口坡道

人人馆剖透视图

　　纵横叠加的木梁形式一方面回应了中国传统木构的抬梁形制，另一方面则是以相互之间脱离的构件来强化构件本身，解决了不同材料构件之间的连接问题。与此同时，这种建构模式也形成了一个"有厚度"的结构空间，使中间层的状态更为立体与松散，与景观的因借引用关系也更为自然。

立面木质材料细部

人人馆2016年建成时入口

1 胶合木承重梁
2 M19
3 胶合木连系梁
4 BO×200mm×150mm×12mm×12mm
5 螺栓孔 M19 用
6 凹槽 160mm×160mm×160mm（用于隐藏钢牛腿）
7 BO×200mm×150mm×12mm×12mm
8 M19（长 490mm、间距 80mm）
9 M19（长 540mm、间距 80mm）
10 牛腿翼缘顶板 PL-150mm×150mm×12mm
11 牛腿腹板 PL-150mm×50mm~30mm×12mm

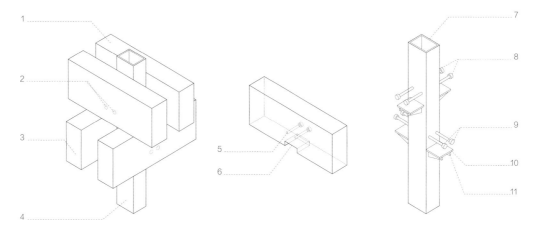

叠梁节点详图

　　木梁与钢柱之间通过钢牛腿支托，xy 轴方向分别为木梁开槽限位、方向锚栓限位。通过这样的方式较好地解决了不同材料结构构件之间的连接问题。

因借景观的二层走廊

立体而松散的间层

二层内走廊

室内日常使用场景

二层走廊东侧

内部功能空间以离散分布的方式布置，将外部的景观空间与室内相融，形成景观、城市环境同建筑充分结合的建筑布局。

利用叠梁建构二层下沉庭院   二层走廊西侧

以视线穿透联络两岸江景的人人塔

03

REN REN SCULPTURE TOWER

人 人 塔

上 海 杨 浦 滨 江 渔 人 码 头 · 2020.01 – 2020.07 · 室 外 装 置

人人塔与栓船桩、纺车廊架

人人塔装置以活字印刷为概念原型，传承中国传统文化底蕴，引申活字印刷在记载与传播
过程中的深远意义，并叠加以现代的建构元素，促进传统与现代的互动、人与环境的互动。

黄昏时分的人人塔

铝杆框架与铝锭

尺寸：3000mm×3000mm×5700mm

材料：截面12mm×12mm×12mm铝管

截面438mm×438mm、288mm×288mm、138mm×138mm铝锭

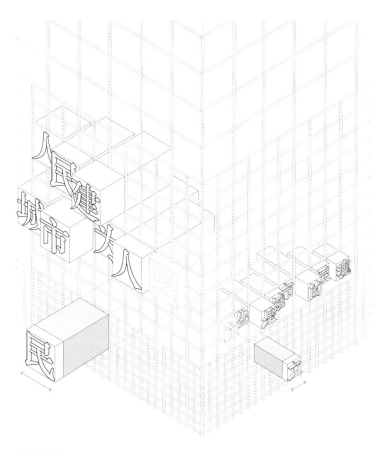

轴测分析图

人人塔以一种可阅读的建构方式试图去消解常规纪念塔对沿江面的阻隔，并在建构中融入文字，形成错落的视觉效果，提升人们的阅读兴趣，预留更多变换的可能。装置由铝杆件框架部分与铝锭部分构成，框架材料轻盈，富有未来感。观者的视线可穿过框架与铝锭的间隙眺望黄浦江，观览滨江景色。

人人塔沿江夜景

　　塔身分为三段，底部框架加密，杆件间距 75mm，防止攀爬造成安全隐患。中段间距 150mm，插入"让城市留下印记，让人们留下乡愁""文化是城市的灵魂，工业锈带变生活秀带"铝锭模块，与观者视线平齐，文字浮雕于铝锭上，打破传统标语的视觉模式，形成错落的视觉效果，提升人们的阅读兴趣。上端杆件间距 300mm，根据观看面的视觉效果插入两种截面尺寸较大的铝锭，"人民城市人民建，人民城市为人民"的主文字得以凸显，在较远处也能清晰看见。

　　由下而上逐渐稀疏的框架空间隐喻城市建设的过程和未来不断生长的可能性，这是一件可持续建构的装置，可根据后续要求，继续插入铝锭模块，具有内容的可延展性。

人人塔夜景

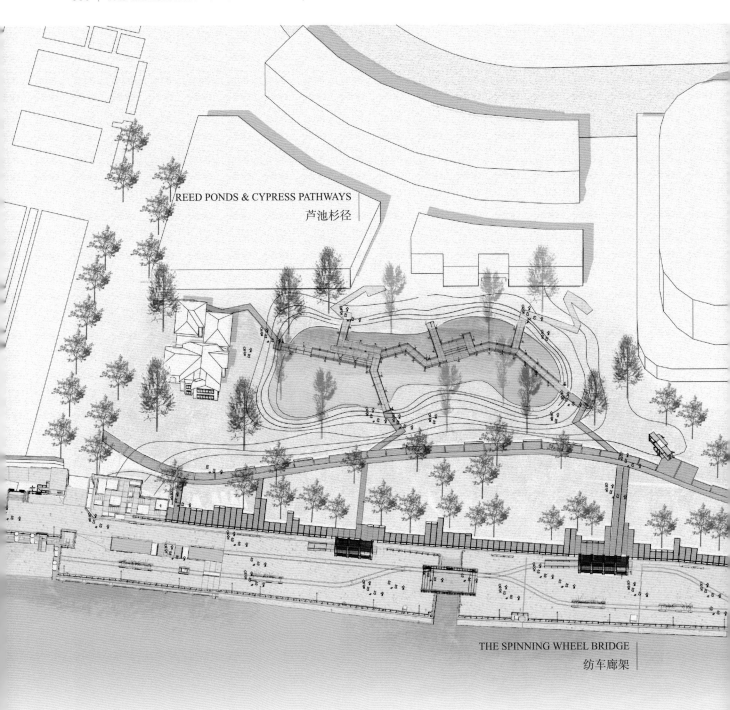

REED PONDS & CYPRESS PATHWAYS
芦池杉径

THE SPINNING WHEEL BRIDGE
纺车廊架

THE EXPLORATION OF ISOMORPHISM: BRIDGE SERIES IN YANGPU WATERFRONT

雨水花园栈桥系列

雨水花园栈桥系列,关注不同尺度唤起身体记忆的方式:从呈现真实锈蚀效果的材料实验到使用工业物件制作的水管灯,再到场地断点的钢栈桥处理。以"小"的景观节点回应物理和关系层面的连接,串联起整个场所。关联的建筑所提供的信息不再仅仅来源于本体,而是同它周围的其他要素集结成为一个整体。

04

REED PONDS & CYPRESS PATHWAYS

芦池杉径

上海市杨浦区杨树浦路 1056 号・2015.07 – 2016.07・350m²

与结构一体化的照明系统

杨浦滨江防汛墙之后原本有一片低洼积水区，水生植物丛生，杂乱无章。

雨水花园改造前后对比

　　栏杆与灯柱的设计源自于老工厂中管道林立的状态。通过单一元素"水管"的组合变化形成适应于不同线型、不同位置的栏杆与灯柱系列。傍晚时分，钢管顶部的 LED 灯光点阵亮起，星星点点的光线因自由的建构方式呈现出随性轻松的氛围，同湿地中池杉林和芦苇丛的自然野趣相映衬。

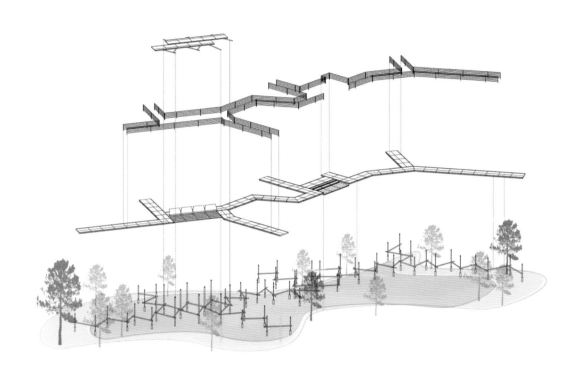

雨水花园廊桥拆解分析图

　　在雨水湿地中新建的钢结构廊桥体系轻盈地穿梭在池杉林之中，连接各个方向的路径，同时结合露台、凉亭、展示等功能形成悬置于湿地之上的多功能景观小品。不同长度的圆形钢管形成自由的高低跳跃的状态，圆形的钢梁随之呈对角布置，有意与钢板铺就的主路径脱离开来。通过这样的手法，清晰地表达了建构方式和受力关系，凸显了钢结构自身的表征，使功能与结构间表现出游离之感。

雨水花园栈桥鸟瞰

栈桥上市民的日常活动

　　一般意义上的滨水生态系统的修复是期望在江边滩涂的原生自然态
与码头及防汛设施的人工态之间建立一种介于两者之间、环境友好、景
观优美的江岸生态亲水体系，而杨浦滨江的滨水生态系统中原有的工业
码头占据绝大多数的岸线，因此我们尽量在高桩码头的连接处和防汛墙
内侧保留原生植物群落与原生水系。在低洼湿地中配种原生水生植物和
耐水乔木池杉，形成别具特色的景观环境。

栈桥日景

利用低洼湿地中原生水生植物，雨水花园形成了城市中少有的"野趣"，
给市民日常活动增添了新意。

在芦苇丛中如萤火虫般高低错落的栈桥照明

作为交通复合体的防车廊架（苏圣亮/摄）

05

THE SPINNING WHEEL BRIDGES &
WATER PIPE LIGHTS

纺 车 廊 架 与 水 管 灯

上 海 市 杨 浦 区 杨 树 浦 路 1056 号 · 2015.07 – 2016.07 · 装 置

斑驳古旧的防汛墙与钢廊架（战长恒/摄）

钢索形成的朦胧界面（战长恒/摄）

　　为解决防汛墙后区和码头区的高差所形成的交通阻断，我们新建了两组交通复合体——集合了坡道、座椅、展示、爬藤花池等功能的钢廊架。整个廊架的建构原型来源于纺纱厂历史照片中整经机上的线与柱的缠绕关系，我们有意识地将这个建构关系重新演绎为座椅、攀爬索和遮阳棚等功能，线性排列的钢索在阳光下形成丰富的层次关系。顺坡道而下，穿梭于钢索形成的朦胧界面之间，一侧是斑驳古旧的防汛墙，一侧是水城辉映的浦江景观。

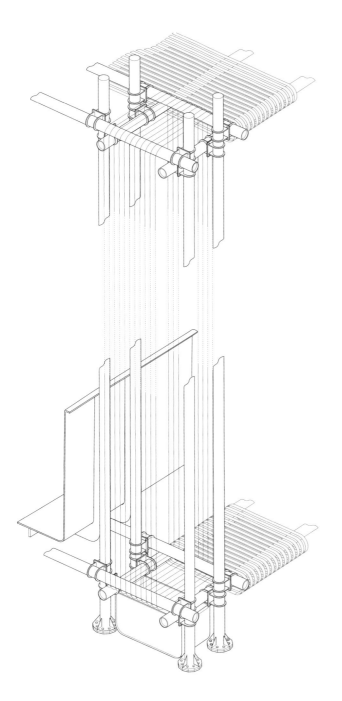

纺车廊架节点分析图

　　通过双柱相连的形式将廊架立柱的截面直径尺寸有
效地缩减至 80mm，细巧的柱子托着富有体量感的坡道
和顶棚，形成脱离于场地之上的漂浮态势。

夕阳中纺车廊架的坡道（苏圣亮/摄）

呼应工业感的水管扶手与栏杆（苏圣亮/摄）

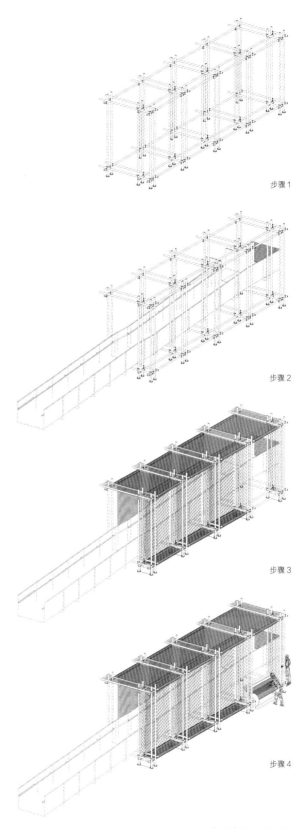

步骤1

步骤2

步骤3

步骤4

纺车廊架生成分析

栏杆与灯柱的设计源自于老工厂中管道林立的状态。通过单一元素"水管"的组合变化形成适应于不同线型、不同位置的栏杆与灯柱系列。这些小品元素轻轻游离于既有环境之上，又依然保持着同既有环境的关联。如今"水管灯"已成为杨浦滨江具有标识性的特征。取名为"工业之舟"的景观小品复合了花池与座椅的功能，并以轮式支撑的形式安置于码头保留的钢轨之上。

示范段的实践勾勒出滨江改造两个方面重要的议题：其一是对旧的留存和新的植入之间关系的讨论，将既有建筑看作一种既存的空间实践（spatial practice），以当下的空间观（representation of space）综合考虑、评估其现状与历史，并加以甄别、取舍，使更新成果成为一种建立于历史事实之上的创作。其二是针对滨水用地的稀有性，对既有基础设施进行垂直复合利用的尝试。这种探索在后续的实践中渐次展开，推而广之。

因　　借　　的　　小

芥子须弥谈论的不是大与小的问题，而是大与小在依存关系中互为因借的不可分割的状态。

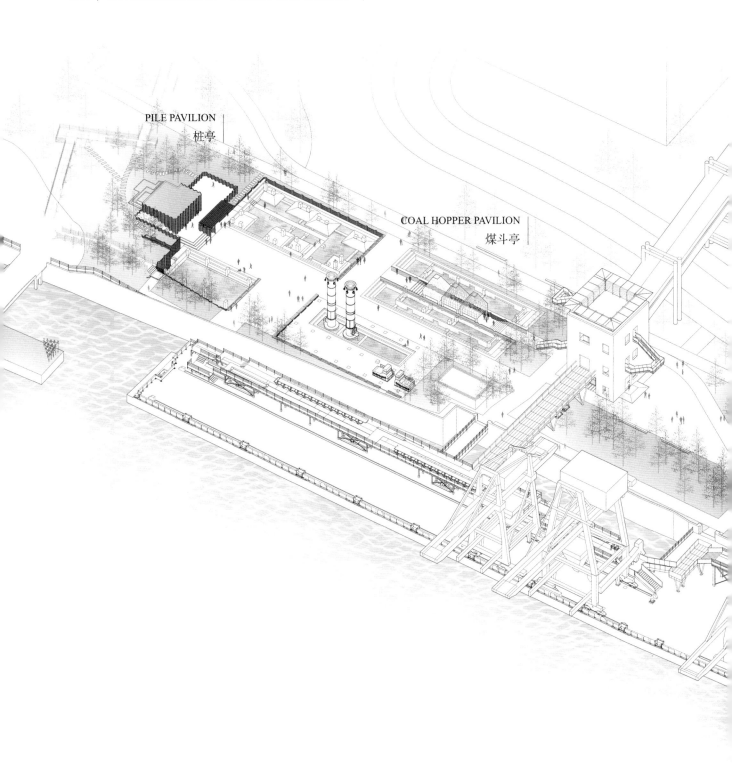

PILE PAVILION
桩亭

COAL HOPPER PAVILION
煤斗亭

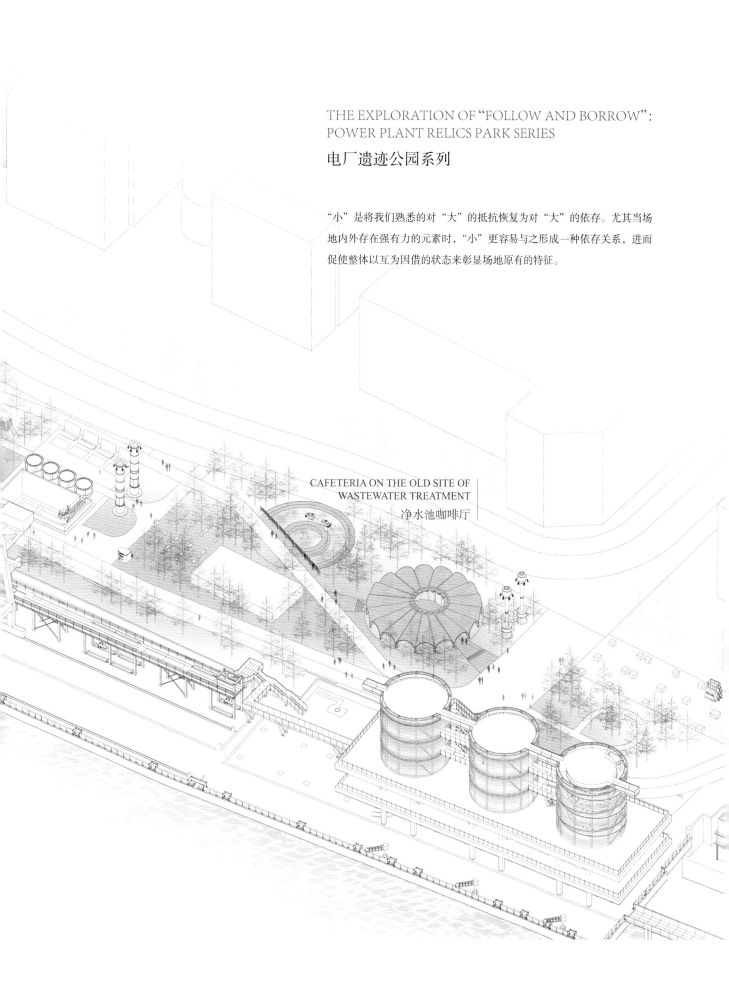

THE EXPLORATION OF "FOLLOW AND BORROW": POWER PLANT RELICS PARK SERIES
电厂遗迹公园系列

"小"是将我们熟悉的对"大"的抵抗恢复为对"大"的依存。尤其当场地内外存在强有力的元素时,"小"更容易与之形成一种依存关系,进而促使整体以互为因借的状态来彰显场地原有的特征。

CAFETERIA ON THE OLD SITE OF WASTEWATER TREATMENT
净水池咖啡厅

杨浦滨江电厂段改造前

　　这里曾是上海百年来重要的工业区。和这个区域的其他工厂一样，在 21 世纪之初随着整个城市的产业调整，杨树浦电厂关停等待转型。在 2013 年正式发布的控制性详细规划中，燃料车间同电厂的滨水区域一同划作公共空间用地，等待转变新生。

杨浦滨江电厂段改造后

劈锥拱屋面与混凝土柱脚

06

CAFETERIA ON THE OLD SITE OF
WASTEWATER TREATMENT

净 水 池 咖 啡 厅

上海市杨浦区杨树浦路 2800 号 · 2015.06 – 2019.09 · 300m²

场地中最后抢救出的24个柱础，以及承载柱础的两个最大直径20m的圆形大底盘。

净水池咖啡厅现场挖掘出的老基础照片

净水池咖啡厅与建设中的灰仓艺术空间

平直垂落的曲面形制与传统的歇脚亭形成呼应，整体平和稳定的形态中又含有挣脱地面的动势。

　　净水池咖啡厅位于杨树浦电厂遗迹公园内。净水池属于曾经电厂工业废水处理系统中的末端，通常成组设置。2010 年 12 月，拥有百年历史的杨树浦发电厂正式关停。2015 年 6 月，杨浦滨江南段公共空间改造工程在电厂段开始。初到场地上时，两个净水池的主体结构还是完整的，只是内部的器械腐朽破败，地面和外围护结构年久失修，破败不堪。两个净水池装置立在电厂厂区和滨江码头区之间，处在一片视野极佳的野草丛中，当下我们便预设能在这片场域，拥有一片遮阴纳凉、坐观四方的休息空间。

净水池咖啡厅屋面施工过程照片

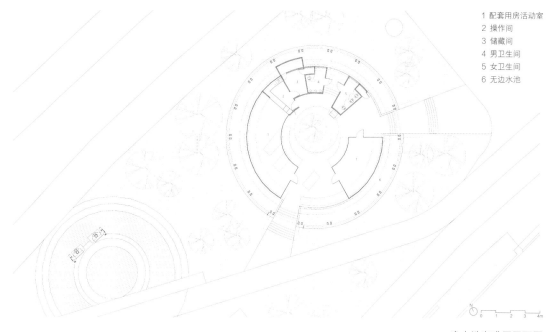

1 配套用房活动室
2 操作间
3 储藏间
4 男卫生间
5 女卫生间
6 无边水池

净水池咖啡厅平面图

由净水池咖啡厅外望

起初我们想保留净水池原有的漏斗形钢结构构架，
然而很可惜，这个想法并没有实现，留下来的只是掩映
在荒地中的 24 个柱础，承载在最大直径为 20m 的圆形
大底盘上，原先放置重型机器的位置，在地下也有对应
的条形基础。

屋面施工照片

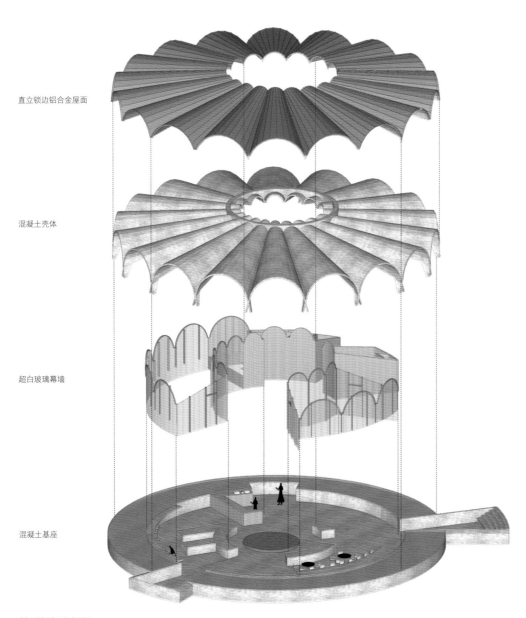

直立锁边铝合金屋面

混凝土壳体

超白玻璃幕墙

混凝土基座

轴测拆解分析图

随着场地遗迹的挖掘，设计改变了策略：下沉主体功能空间，将原有的圆形大底盘基础作为新的地坪，充分利用承载机器的条形基础，将其演绎为"固定家具"予以留存。

内庭院细部

劈锥拱屋面航拍局部

剖面图

由于上部结构已经不复存在，我们需要寻求一种新的方式来遮阴避雨。我们选择了劈锥拱
面。这种三维曲面是一种可展开曲面，便于制作金属模板，并且有多样的模块划分与组合
的可能性。

3.550 檐口高度

2650
2950

1100
600

室外地坪

0.7mm 钛锌板（平锁扣系统）
8mm 通风降噪丝网
3mmSBS 改性沥青
0.6mm 镀锌钢板
70mm 厚角钢龙骨 400mm 内填保温棉
混凝土屋面

300mm×200mm×8mm 预埋板
M6 螺栓，预先焊接在预埋板
4mm 厚折弯钢板加工件
密封胶嵌缝
硬质垫块

6mm 通风降噪网
0.49mm 透气防水膜
0.8mm 厚镀锌钢板

土建预留排水口

15mm 钢板肋
大玻璃用结构密封胶
10Low-E+12A+10 中空超白玻璃

60mm 鹅卵石
水泥浆（内掺建筑胶）
高分子涂膜，不得小于 1.5mm
150mm C30 密实防水混凝土整浇底板

40mm C20 细石混凝土面层直磨固化
素水泥沙浆（混建筑胶）
150mm C20 混凝土垫层
保留原有基础结构底板

50mm 圆角木板
50mm×50mm 木龙骨托梁

回填土
50mm C20 细石混凝土保护层
无纺布保护隔离层一层
4mm 自粘性改性沥青防水卷材
20mm 1：2.5 水泥砂浆找平
保留原有基础结构底板

墙身大样图

屋面通过 18 瓣劈锥壳体连续相接，形成一个相邻单元之间的水平推力相互平衡的辐射状钢筋混凝土劈锥拱壳体结构。屋面顶部加设一个直径 6m 的混凝土圈梁，而屋面落脚处设置一圈地梁，平衡壳体整体的轴向推力，从而获得轻巧、平和的内部无柱屋盖系统。

净水池咖啡厅与其内部老基础

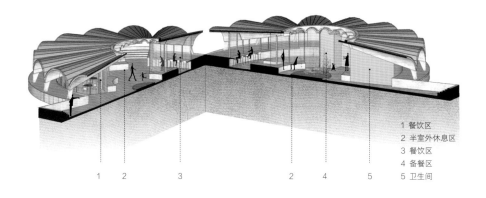

1 餐饮区
2 半室外休息区
3 餐饮区
4 备餐区
5 卫生间

剖透视功能分析

　　净水池咖啡厅的功能空间由卫生间、轻餐准备间、餐饮区组成。这些功能空间分为两种，一种是由玻璃幕墙围合而成的透明区域，一种是由阳极氧化铝隔断围合而成的封闭区域。这些功能盒体以一种离散的姿态镶嵌在新的屋盖与老的圆盘基础之间。在这样一个遍布时间痕迹的场所，我们有意识地规避了向心型的空间形态，希望形成一个离散的空间形式，人们可以在这片场地中没有目的地游走、徘徊、驻足、休憩。

新屋盖与老基础间的离散空间

桩亭钢板桩与其侧地形修整

07

PILE PAVILION & COAL HOPPER
PAVILION

桩亭与煤斗亭

上海市杨浦区杨树浦路 2800 号・2015.06 – 2019.09・90m²

桩亭、煤斗亭与场地关系

　　桩亭位于上海市杨浦滨江，这里曾是上海百年来重要的工业区。项目所在区域曾是杨树浦电厂的燃料车间，这里曾是将船只运送而来的煤炭进行处理后再输送至电厂主机房进行燃烧的地方。

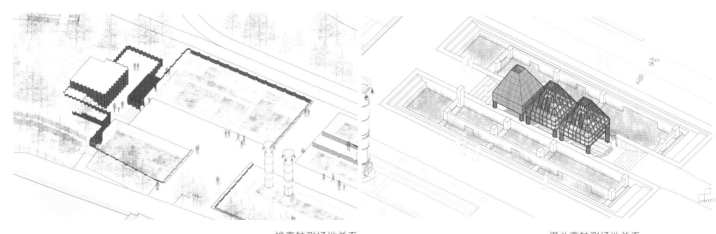

桩亭轴测场地关系   煤斗亭轴测场地关系

晨光中桩亭与其周围环境

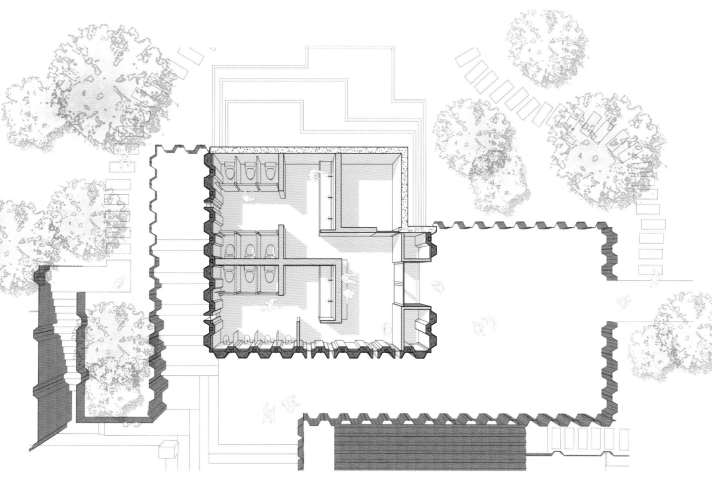

桩亭平面图

一、叠合历史记忆的总体策略

电厂完成场地移交、等待空间转型的时候，燃料车间原本的建筑已被拆除，仅有一些残破的混凝土柱头依稀可见。为了充分呈现出场地的记忆，我们将场地下挖1米多深度，将原有建筑基础完整呈现，在场地上形成映射出原有空间肌理的四块雨水湿地。这四块雨水湿地暗示着原来的燃料车间办公室、燃料车间动力间、转运楼和煤炭校验间四组建筑。在四块湿地中我们种植了多种挺水植物。残破的基础，掩映在水生植物之中，呈现出一种无声的力量。

二、统领场地的建构线索

下挖呈现原有建筑基础带来了场地一定数量的挖方，而场地西侧暗埋二级防汛墙的策略正好带来了一定数量的填方。为了尽量保证挖方和填方之间的平衡，我们对原有地形进行修整，也重新调整了公共卫生间和弱电监控室的设计。设计最终选择了钢板桩这样极富工业感和景观性的机能构件解决重塑地形时的断面挡土问题，同时，在空间

关系上实现建筑与景观的高度一体化。而从空间
叙事的角度来说，对钢桩这一建构元素一以贯之
的使用，旨在形成一条视觉线索，将离散的建筑
基础和保留的老设备衔接起来。苍劲的老建筑基
础、摇曳的挺水植物、厚重的工业机械都映衬在
由钢板桩建构的整体地形之中，从而形成了一个
整体的空间场域。

三、实现材料的自由意志

通过钢板弯折强化构件的机能，通过锁扣咬
合实现构件单元的高效拼接，是钢板桩的工作原
理。由于这样的特性，钢板桩通常被用于围堰或
基坑支护的建造。我们在充分了解了钢板桩的构
件类别、工作技能、构件特型后，创造性地使用
钢板桩这一材料，完成了湿地花园池壁、堆坡挡
土墙、建筑外墙、凉亭、座椅等功能体的建造。

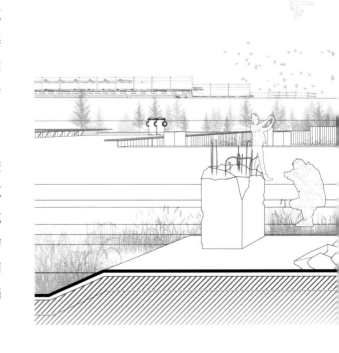

桩亭与遗迹花园中离散的原有建筑基础

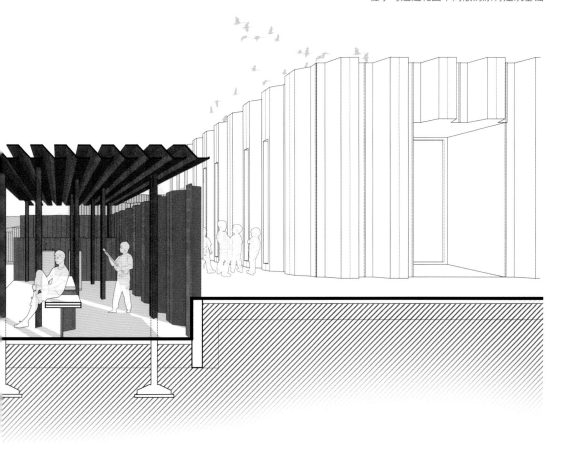

桩亭剖透视分析图

桩亭钢板桩屋面、支柱与围墙

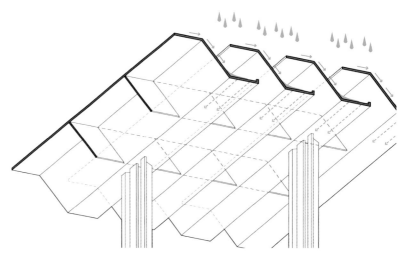

桩亭顶部建构与落水分析图

　　面对雨水湿地池壁和挡土墙的建造需求，我们选用了单元宽度约900mm、弯折深度约450mm、壁厚约10mm的具有较好机械咬合机能的进口 W 型钢板桩。钢板桩相互咬接形成连续封闭的界面，在完成挡土功能的同时形成了较好的景观效果。当作为建筑外墙使用时，为了整体的景观效果，我们依然选择了同样的钢板桩型号，不同的是，我们将钢板桩当作外模板在其凹口浇筑钢筋混凝土，形成同钢板桩共同作用的"柱子"，建筑被这种密排的"柱子"撑起，顶部覆土，隐匿到地形之中，形成场地的组成部分。我们还用钢板桩建造了一个小凉亭，选用超小型号的 W 型钢板桩做为柱子、Z 型钢板桩排列成百叶一样的凉亭顶，亭顶边角微微起翘，避免了雨水的下落。在场地之上，钢板桩还被我们演绎成为座椅、花坛等，在这里，材料的自由意志得到了最大限度的体现。

杨树浦电厂遗迹公
YANGSHUPU POWER PLANT RELICS PARK

站景台远处花园内留存的残破柱头

计量煤斗原本属于杨树浦电厂"煤工艺流线"中的作业构件，煤斗亭是将从原址建筑中拆卸下来的近3m见方的计量煤斗上下倒置，并演绎了另外两个与之类似的构件，成为一组，覆盖于遗迹雨水花园其中一方池塘之上，作为休憩凉亭之用。

煤斗原状照片

演绎的两个煤斗亭

置入雨水湿地的煤斗亭

　　我们还将原来燃料车间的机器重新放回到了这片场地之上，包括碎煤机、电磁除铁机和计量煤斗。这些工业机器以其非常规的尺度和强有力的造型成为场所记忆的讲述者。其中近3m见方的煤斗在通过空间翻转、并列虚体、压低置入雨水湿地后重构成一处别具特色的空间小品——煤斗亭。

　　阳光穿过煤斗上原本用于锚固塑料防刮板的孔洞，在地面洒落成星星点点的光斑。旁侧两个与之比对建造的虚空构架则透过其上爬藤植物的缝隙洒落摇曳的光影，共同营造着可被体验的空间中的新旧关系。

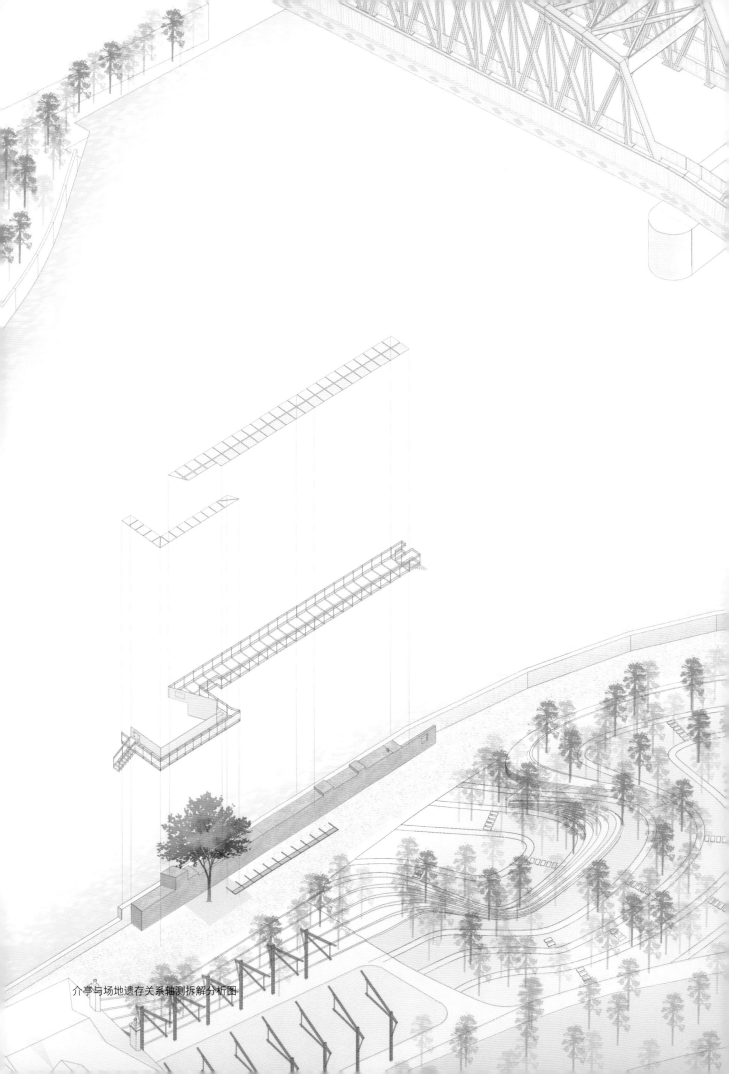

介亭与场地遗存关系轴测拆解分析图

08

PIER PAVILION

介　亭

上 海 市 黄 浦 区 南 苏 州 路 76 号 · 2019.09 – 2020.10 · 94m²

介亭改造前原状照片

　　2019 年苏州河东段景观提升工程正式开始实施。设计勘察时，场地内的一处基础墩引起了我们的注意。经调研查实，这座伫立场地中斑驳、具有一定几何形状的混凝土方墩竟为 2009 年 11 月拆除吴淞路闸桥时遗留下的吴淞路闸桥西侧钢箱桥墩，是城市历史的真实记录。

我们设想在桥墩结构上方建构一座钢质长亭，围绕保护着古树，从桥墩西侧起始贯穿至东侧。

晨光中的介亭与构树

　　介亭的设计源于一次场地"考古"后的意外发现，围绕着挖掘出的历史遗存，展开了依托物质留存与文脉关系的再生构想。我们决定通过一种特殊的方式"唤醒"场地曾经的印记，将废弃桥墩激活并参与苏州河公共空间的"场地对话"，将历史留存融入市民的日常生活。

介亭航拍

介亭总长约为50m，东侧栈道通过钢柱支撑"悬浮"于既有桥墩之上。

改造前沿河实景

"悬浮"于桥墩的介亭与其旁划船俱乐部沿河实景

介亭与对岸上海大厦

形成比对关系的桥墩与钢格栅

其栏杆由50mm宽扁钢框架嵌入钢丝网构成，地面由花纹钢板与钢格栅组成，在确保安全与隐私的同时，提供了通透且灵巧的视觉感受。纤细精巧的钢结构与敦实厚重的基础再次形成了鲜明的对比。

1　10mm 厚花纹钢板
2　50mm×50mm 方钢格栅
3　桥墩基础
4　钢板
5　20mm×50mm 中灰色氟碳喷漆方管
6　Φ3 不锈钢拉索
7　50mm×50mm 方钢格栅
8　10mm×50mm 中灰色氟碳喷漆方管
9　120mm×50mm 方形钢管
10　钢栈道楼梯

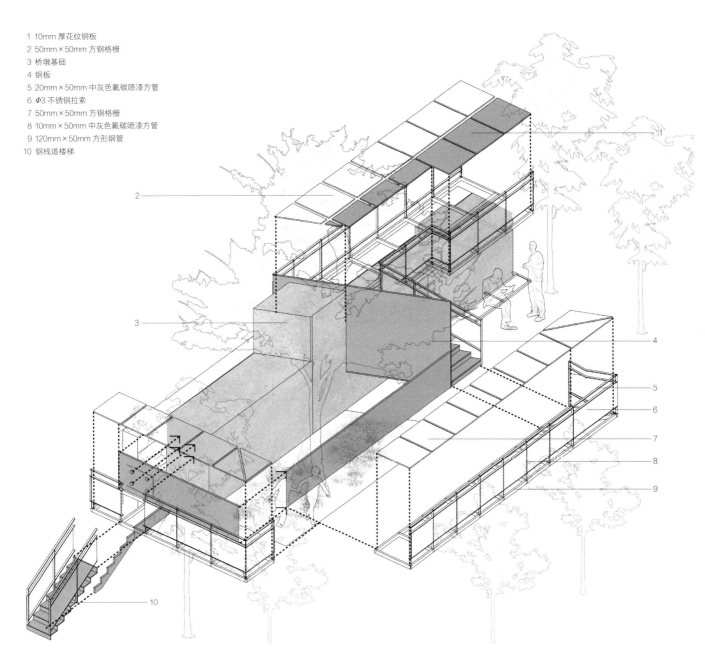

介亭与场地内留存的桥墩、树的关系拆解分析图

以桥墩为基础，将钢栈道环绕构树悬挑绕行后拾级而上，从不同的角度配合座椅、台阶等辅助设施，提示人们的活动方式，丰富人们与古树互动的维度。

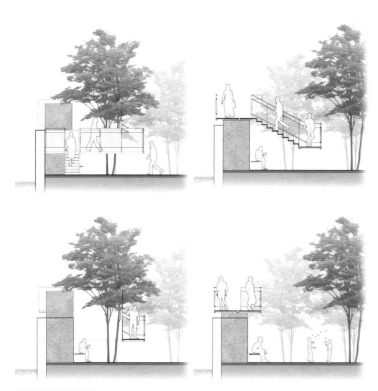

介亭剖面分析组图

　　桥墩西侧现存一株枝繁叶茂的构树，我们以桥墩为基础将钢栈道环绕构树悬挑绕行后拾级而上到达桥墩顶部，近4m的悬挑栈道彰显了介亭轻盈的结构美感，此刻无论是桥墩还是构树都成为介亭与场地环境互动的重要组成元素。

围绕构树拾级而上的钢栈道

于介亭上眺望东方明珠（陈旸/摄）

融入日常生活的介亭（陈晨/摄）

依傍着城市历史的留存，介亭继续讲述着新的城市生活，它以自身的轻盈姿态，呈现着日常的生动。由于北邻苏州河、隔岸与上海大厦对望，又是远眺陆家嘴和外白渡桥的绝佳视点，因而到了傍晚或是周末，有络绎不绝的游客及居民在此散步、游憩。

晨光下的步道景观与木构驿站

09

"FOREST VIEW" REST STATION

林 景 驿

深圳市宝安区洋涌路 79 号附近·2020.02 – 2020.09·100m²

清晨的林景驿

林景驿与茅洲河

　　林景驿为茅洲河碧道工程试点段小驿站，兼顾绿地、母婴室、休憩、咖啡厅、公共卫生间、观景廊道等多重功能。设计以林景木屋为原型，将各功能和景观场地整合，建构观景平台、探索空间和遮阳亭架的复合体，形成别具特色的木构城市驿站，激发场域活力。

林景驿拆解分析图

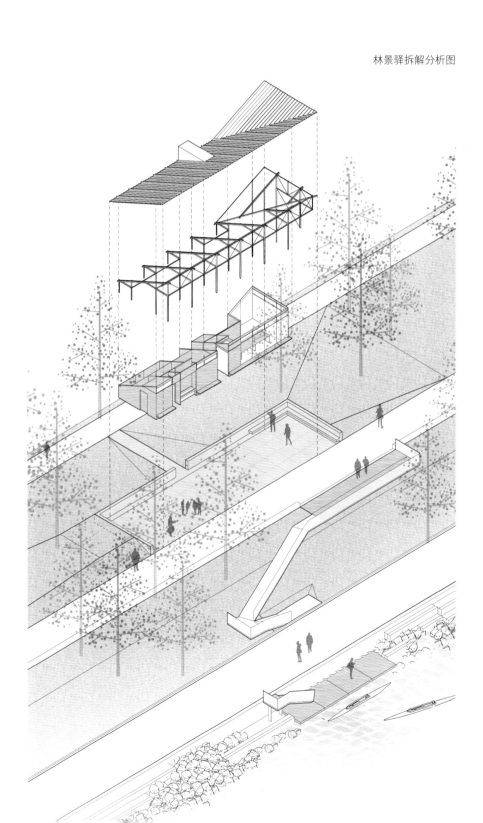

树丛中的林景驿

林景驿室内

联通景观的驿站入口及其檐口

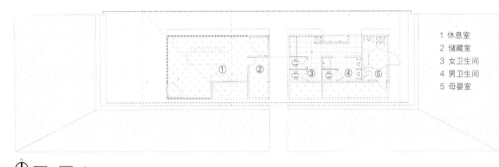

1 休息室
2 储藏室
3 女卫生间
4 男卫生间
5 母婴室

林景驿平面图

一、建筑景观一体化的设计策略

　　林景驿整体采用单坡屋顶的建筑形式语言，由城市向景观河道方向逐步扬起；面向河岸景观面以玻璃幕墙和景观檐廊的方式完全打开视野；面向城市面采用景观堆坡来降低檐口实际高度 1300mm 至视觉高度 500mm。

近人尺度的遮阳观景廊

二、快速建造的预制拼装体系

主体结构采用 3000mm 的小尺度建筑模数，使得一榀榀钢木组合构架在近人尺度呈现一种有序的韵律与节奏。主结构柱采用 100mm×60mm 的热轧矩形管；纵向木主梁为 140mm×60mm 的胶合木矩形双梁；横向木次梁为 40mm×120mm 的胶合木椽子，间距为 200mm。屋顶采用直立锁边金属屋面，屋面的主体支撑采用不锈钢绞线进行固定，安装后张紧。所有单榀钢木组合构件标准化、工厂预制、现场拼装，使我们在极其紧张的工期下依然能够保证林景驿的较高完成度。

林景驿外廊

林景驿剖透视图

三、露明构架的建筑装饰系统

利用钢柱、木双梁、木椽子、钢绞线所构成的钢木框架来进行组合受力，并且有效利用钢板折边进行木结构端头的防水处理。整体不做吊顶，将全部的受力系统展示出来，呈现出完整的建构细节语言。

东侧折起的单坡屋顶

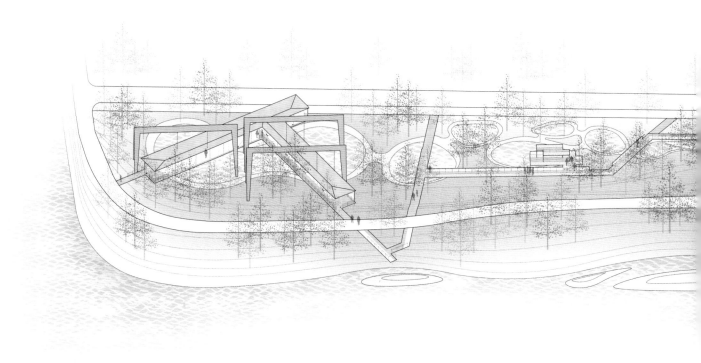

10

THE HANGING PAVILION

悬 亭

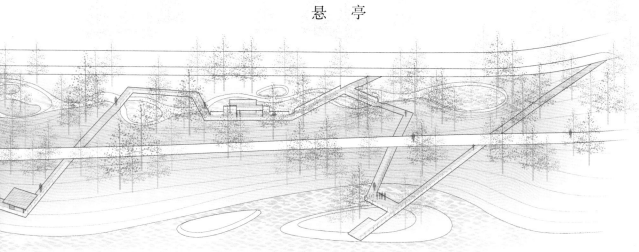

深圳市宝安区洋涌路 8 号附近·2020.02 – 2020.09·290m²

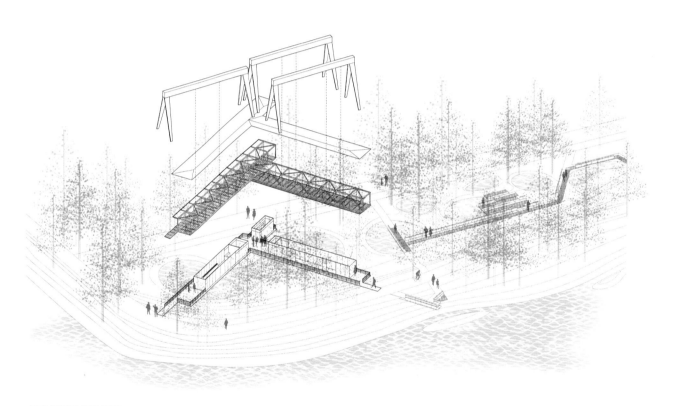

悬亭轴测拆解分析图

　　悬亭位于深圳宝安区茅洲河畔。原有场地被一条横向堤顶路切割为近水岸与下凹绿地两个景观带状区域，设计以整合场地空间脉络为出发点，打造建筑景观一体化的大景观体系。堤顶路北侧原本是一片下凹低洼绿地，运用海绵城市设计理念，连通下凹绿地，打造生态涵养的雨水湿地，通过雨天水系联动，使汇集的雨水可以自由地下渗到土地中，补充地下水，并且增大汇水面积。在低洼湿地中配种水生植物和耐水乔木，形成特色的景观环境。

悬亭航拍

草木水景中的悬亭

悬吊于龙门吊下的驿站

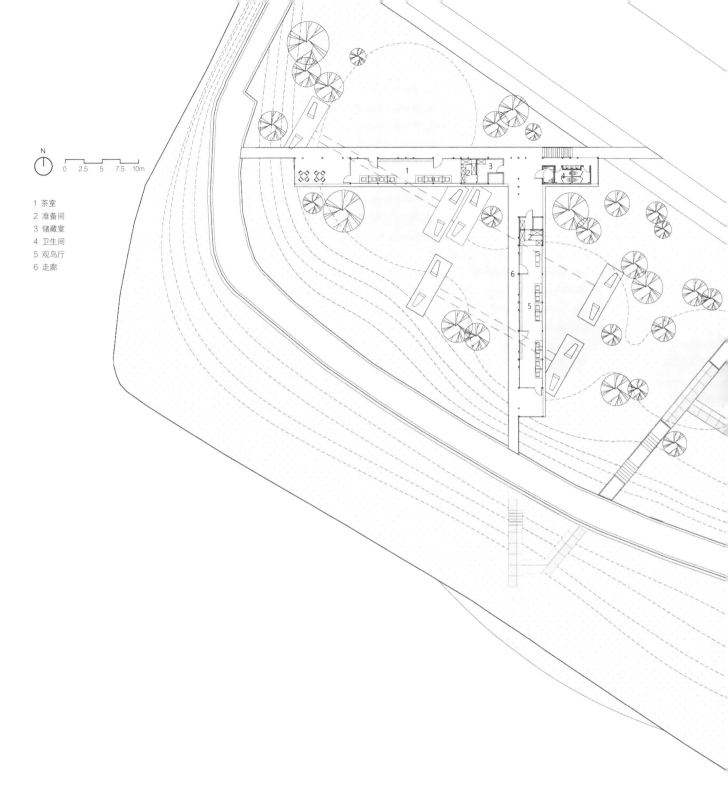

N

0 2.5 5 7.5 10m

1 茶室
2 准备间
3 储藏室
4 卫生间
5 观鸟厅
6 走廊

新建的钢结构栈桥体系悬浮于湿地之上，连通堤顶路两侧湿地，形成连贯的漫游路径。栈桥以中间立柱两边悬挑的建构逻辑，轻介入场地环境。栈桥表面加入部分钢格栅。人们漫步于栈桥之上，时而感受着脚下的湿地流水，时而脚尖触碰着生长的绿意。于湿地水面处，放大栈桥面积，形成亲水平台，与栈桥同构生成凉亭、观鸟、休憩等功能，形成悬置于湿地之上的景观构筑。人们停留、漫游于此，感受着自然野趣。

悬亭平面图

悬亭实景航拍

悬亭建造过程

悬亭剖透视图

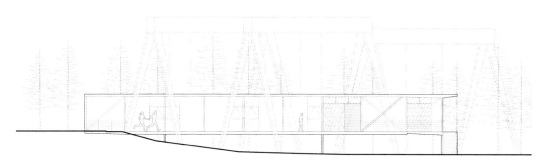

悬亭立面图

　　雨水湿地端头悬浮着一个轻盈通透的玻璃盒子，它漂浮于湿地之上，掩映于密林之中，悬挂于龙门吊下，平静地悬置于空中，我们称它为悬亭静泊。我们将场地内原有龙门吊保留，利用其悬吊能力，将人字形态建筑体量，穿插于三座龙门吊之间。建筑连通北侧洋涌路与西南侧堤顶路，与湿地漫游路径连为一体。

　　建筑主体钢结构桁架主要由150mm粗钢方柱铰接125mm粗斜撑，以及200mm×150mm横梁构成，通过六个锚固点拉接6mm钢索吊挂于龙门吊下。主体钢桁架一侧悬挑出1.5m形成半室外连廊，另一侧为了抵抗横向扭矩，通过斜撑拉接，端头处为保证轻盈感，采用100mm粗圆形钢管支撑。直接暴露建筑主体结构，用其本身的结构语言来诠释形态美学。我们采用超白高透中空玻璃幕墙为主要外围护结构，围合出面向湿地景观的观鸟厅和茶室两个主要功能空间。部分外饰面为防腐木挂板的轻质隔墙，将部分空间作室内外分离，围合出卫生间、茶室准备间等辅助空间。钢结构屋顶在防水保温等条件得以满足的前提下，整体形态做到了极致轻薄，端头收缩到了66mm的厚度。用花纹钢板铺设室内外地面，增强室内外空间的渗透与互动感。

　　为了使建筑室内空间更为纯粹，我们在靠近走廊一边加设 1.1m 高的墙体，于墙体内侧置入固定木质立柜，顶面与侧面分别开设木质百叶上下出回风口，内置空调室内机，保证室内舒适度。室内照明灯具沿着钢结构顶部斜梁带状布置，照明逻辑与建筑结构相契合。室外照明灯带掩藏于室外栏杆下方横档内，向下 45°角照射，既可扫亮建筑地面，又可避免给行人造成眩光。

悬亭平台日景　　　　　　　　　　　　　　　　　　悬亭室内

面向湿地景观的观鸟厅与茶室

回　应　的　小

芥子须弥谈论的不是大与小的问题，而是对于所谓
的"大"有着敏锐的回应性的"小"。

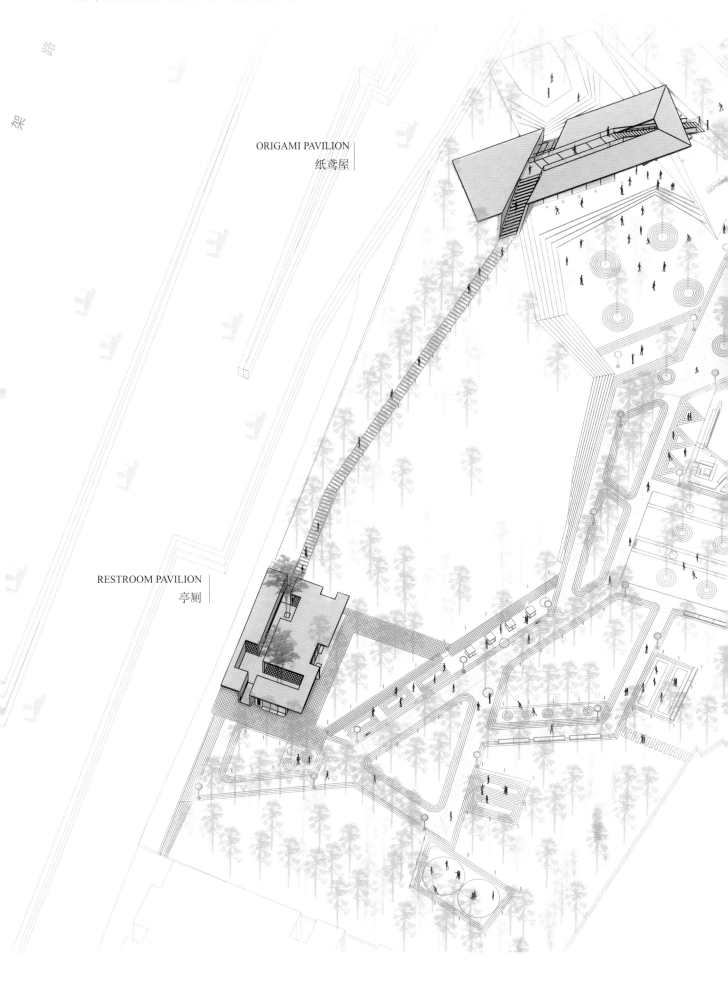

ORIGAMI PAVILION
纸鸢屋

RESTROOM PAVILION
亭厕

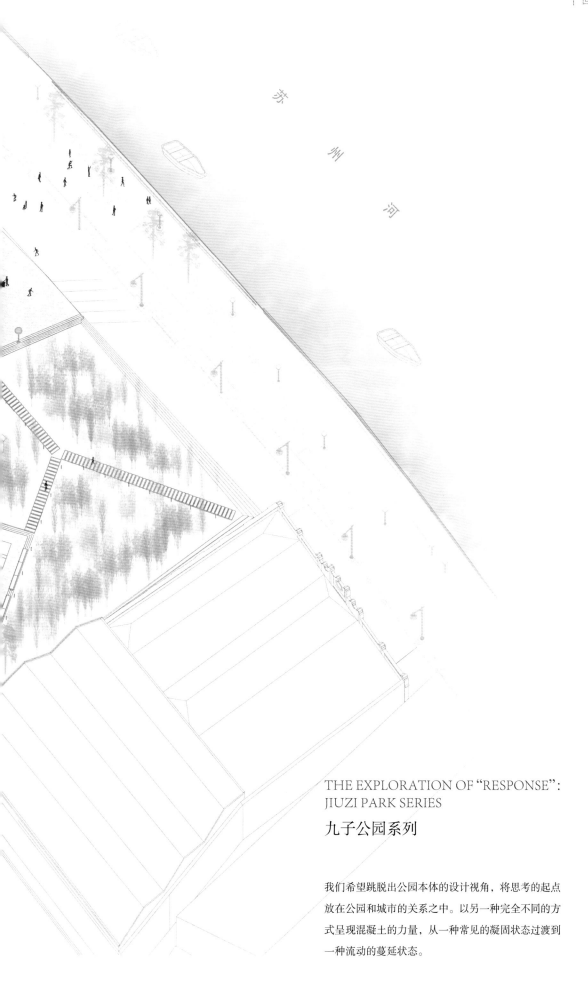

THE EXPLORATION OF "RESPONSE":
JIUZI PARK SERIES

九子公园系列

我们希望跳脱出公园本体的设计视角，将思考的起点
放在公园和城市的关系之中。以另一种完全不同的方
式呈现混凝土的力量，从一种常见的凝固状态过渡到
一种流动的蔓延状态。

改造后各面开放的城市关系

改造前被围墙圈定的九子公园

　　九子公园位于成都北路 1018 号，邻近黄浦区苏州河南岸，周边为城市创意功能和密集居住功能，公园占地约 7000m²。虽然面积不大，但在城市密集区是一个难得的完整公共空间。这个公园实际上得益于基础设施的建设，叠加了老上海弄堂里的传统"九子"健身项目，本就带有与基础设施相结合的"城市风景"内涵。

　　面对这样的一个公园，我们认为改造的目的为与周边其他城市系统相协调，使其成为城市公共空间的有机组成部分。因此，我们没有从一个惯常的景观设计的方向着手，而是以建筑师视角从空间线索和空间形态操作入手，将思考的起点放在公园和城市的关系之中，完成九子公园的改造。

协调高架、水岸、公园主入口间关系的折坡屋面及其路径

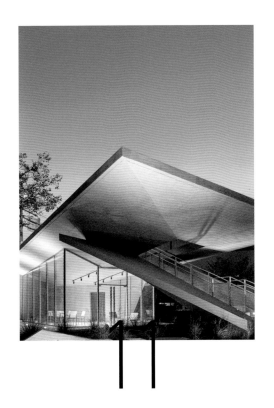

ORIGAMI PAVILION

纸鸢屋

上海市黄浦区成都北路1018号 · 2018.03 – 2020.09 · 126.4m²

改造后纸鸢屋公园内侧前广场

首层平面图

改造前场地状态

　　纸鸢屋位于苏州河畔九子公园的北端，其前身是九子公园的管理用房，在整体风格与开放性方面与现代公园定位有相当的差距，因此成为九子公园改造的重点。这个不到200m²的驿站，经历了多次设计的修正。最初我们保留了既有建筑的主体结构，尝试通过屋顶覆盖形成供人们活动的灰空间；也尝试过与周边场地融为一体的地景式建筑；最终我们选择了能链接公园脉络的混凝土折板建筑形式。折板之下，形成建筑外覆盖的"灰空间"，是小朋友嬉戏的"趣"场所，同时新建的建筑与保留的场地形成一个小广场，增加人们停留的舒适度；折板之上，我们联通公园内的路径，呼应公园丘陵般的地形与人的活动特点，形成均质漂浮的状态，丰富空间层次，同时柔化建筑边界，让原有建筑更好地融入公园的环境中。

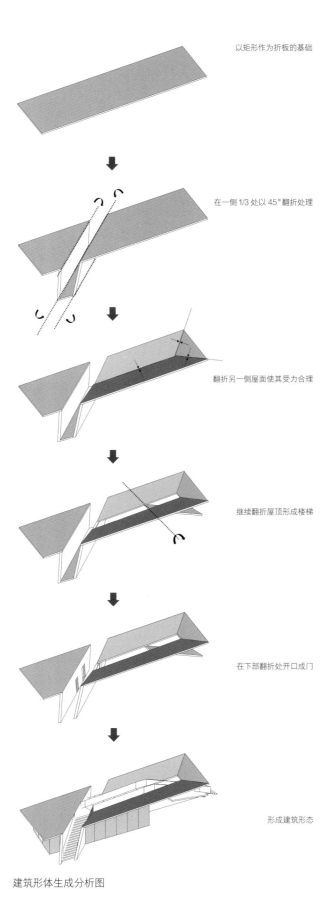

以矩形作为折板的基础

在一侧 1/3 处以 45°翻折处理

翻折另一侧屋面使其受力合理

继续翻折屋顶形成楼梯

在下部翻折处开口成门

形成建筑形态

建筑形体生成分析图

纸鸢屋与高架桥

　　纸鸢屋的功能空间根据建筑的形态被明确划分，西侧保留了之前管理用房的办公功能；辅助功能，比如卫生间及设备用房被安置在建筑的中间部位；最大悬挑折板下的空间是建筑的主体空间，由玻璃幕墙围合而成，是市民的活动休憩空间，同时兼作九子活动开幕的组织房间。

纸鸢屋轴测图

九子公园，得名于九种弄堂的游戏，包括扯铃子、跳筋子、滚轮子、打弹子、掼结子、跳房子、套圈子、抽坨子、顶核子等。每年在九子公园内举办"九子运动会"，平日里也有很多九子活动爱好者在公园里活动，游戏种类丰富。

对于公园中具有基础设施意义的调蓄池的泵房，我们没有做过多的动作，而是顺势将其掩映在竹林与一个清水混凝土的构筑物之后，这个构筑物被想象成一个集矮墙、座椅、桌子于一体的"超级清水混凝土家具"，与两个清水混凝土建筑相呼应。人们可攀爬，可穿越，可坐卧，可聚会，复合的构成启发着人们使用方式的想象力。

纸鸢屋配套设施日常使用状态

檐下轻盈的空间界面

在纸鸢屋的设计中，我们力求通过混凝土这一厚重的材质呈现出折纸的轻盈感。结构通过建筑中部的剪力墙、东侧的楼梯斜墙形成主要抗侧体系，屋面采用200mm厚的混凝土板，建筑整体呈现从中部的混凝土剪力墙向两侧悬挑的纸鸢形态。

纸鸢屋在结构设计中摒弃了惯常的"梁板"区分，而是与结构工程师一起，以板式结构的体系，进行有限元计算分析和找形。采用折板方式，可以有效增加混凝土的刚度，同时减小混凝土的厚度。整个建筑是由一个包含了楼梯的折板支撑一组"几"字形折板构成的，使得建筑的主体公共部分形成无柱空间。为了大的悬挑板面形成结构刚度，这部分的屋面从平面变为中心下凹的折板板面，楼板边缘承担拉力，这块板的"折痕"刚好与楼梯折板的"折痕"相接触，构成了传力路径。

分工受力的屋面折板与楼梯

九子公园标志设计

折痕中间的部分刚好具备可以开孔的条件，与支撑的楼梯相接。人们可以通过这个"折痕"之间的孔洞上到屋面空间，感受荷叶般漂浮于苏州河上的意象。由受力状态推演折板的几何形态，给了这个折叠建筑一个有力的支撑，结构的受力反映在建筑的形态之中。

"折痕"处通往屋顶的路径洞口

楼梯与扶手细部

纸鸢屋鸟瞰秋景

　　建筑成为一个名副其实的结构导向的"折板游戏",也成为九子公园具有标志性与识别度的入口空间。

景亭般松散的空间

12

RESTROOM PAVILION

亭　厕

上海市黄浦区成都北路1018号·2018.03 – 2020.09·235.8m^2

亭厕航拍

      亭厕位于九子公园的西侧，紧邻高架桥，是九子公园另一个主要出入口处的公共卫生间和游戏器材租借处。我们希望它有别于传统公共卫生间的功能化倾向，呈现出来的是一种非整体化的，更加松散、日常的空间特征，并希望它与景观自然融为一体。

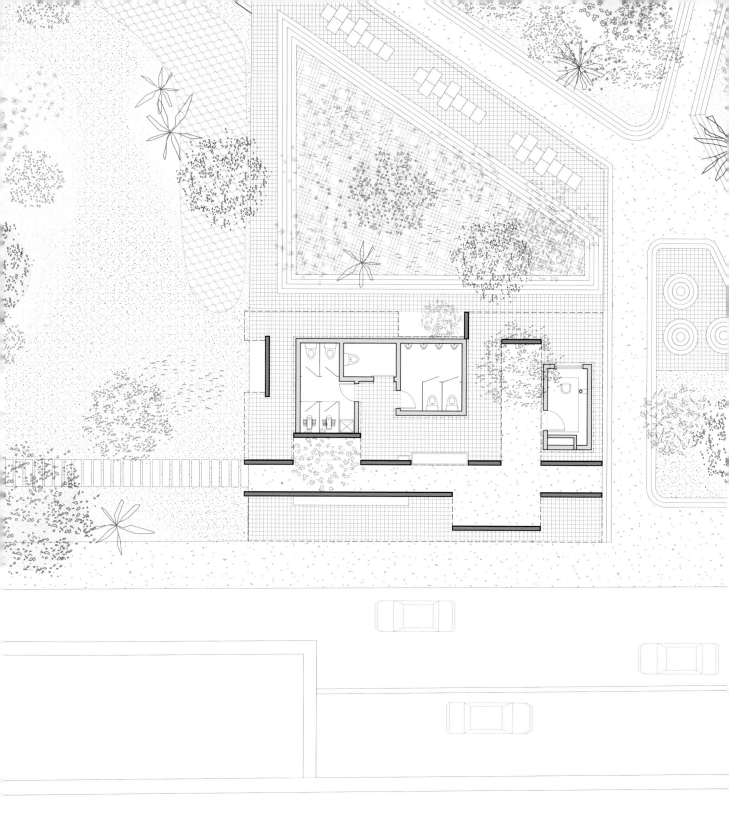

平面图

九子亭厕在平面布局中采用非整体化的策略，平面布局呈现更加松散的空间特征、更多与
自然交融的机会。

于是，亭厕的改造在保留了原有功能面积的基础上，以一种正交折叠的方式，融合灰空间、院落空间、通廊空间于一体，从而形成景亭般的松散的空间效果；器械租借管理与厕所则成为用阳极氧化铝包裹的"小盒子"，穿插于折板间。这样，折叠的挑檐与穿插的盒体沿城市道路形成了一条完整的雨棚休息空间，游客在经过时可临时就坐休憩，不必进入公园也可享受公园氛围，是公园空间向城市空间的一种外化。

沿街形成的雨篷休息空间

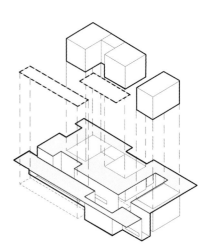

亭厕在材料的选择上，营造了厚重的混凝土与轻质材料阳极氧化铝的质感对比。主体建筑采用朴素的现浇混凝土，抽象简洁的材料语言凸显折板的形态语言；带有功能性的房间被阳极氧化铝板包裹，借助阳极氧化铝板对环境的漫反射，使建筑与环境融为一体，也让功能体量逐渐消解，进一步增强折板空间的可读性。

亭厕形体生成逻辑分析图

多方向的进入方式

亭厕内实景

　　落地的清水混凝土墙形成了整个建筑的受力系统，在关键位置处，使用直径120mm的细钢柱采用铰接的方式支承檐口，并将这些细钢柱同功能盒子整合起来，混凝土受力的状态也就更加纯粹。翻折的混凝土板真正成为空间的主角，同远处的混凝土驿站遥相呼应，塑造了九子公园新的空间性格。

　　面对旁侧紧邻的厚重的高架桥，亭厕以一种不同的方式呈现混凝土的力量：从一种常见的凝固状态过渡到一种流动的蔓延状态，这使得它与高架桥的关系并不违和，同时朝向公园表现出更为亲近柔和的一面。就像我们对城市中既有设施的态度，既不排斥也不屈就。

剖透视分析图

山林中的"云顶"

13

YANG'S HOUSE

老杨之家

四川省什邡市冰川镇天桥村·2017.04 – 2017.12·258m²

改造前老杨家L形布局院落与环境关系鸟瞰

老屋经地震破损的一端 老杨家改造前 老屋屋面上的青苔

　　老杨家有两栋房子，围合成不完整的 U 形，建在陡峭山坡的边沿上。屋顶上长满沉甸甸的青苔和蕨类的一栋是前辈人留下的祖宅，屋顶的瓦居然是用树皮层层交叠而成。另一栋是 20 世纪 90 年代老杨和村上木匠一起修的当地传统的木结构房屋。2008 年四川大地震将 L 形老宅的短边部分震塌了，露出一个清晰的剖断面。

　　场地让我们意识到这次面对的不再是一个抽象的地方，它是由那些无比具体的事物组成的整体与"环境特征"，我们可以暂时忘掉将场所简化为所谓的空间关系、功能、结构组织等各种抽象分析范畴的"成见"，而是将其还原到对真实场所的整体把握。

山路入口

山坡、阳光、黄连和猕猴桃、青苔的屋顶、老旧的木板墙、斗笠与镰刀。这些物体一直
安静地存在，不需要承载过多信息，它们自身的存在本身就是自明的。

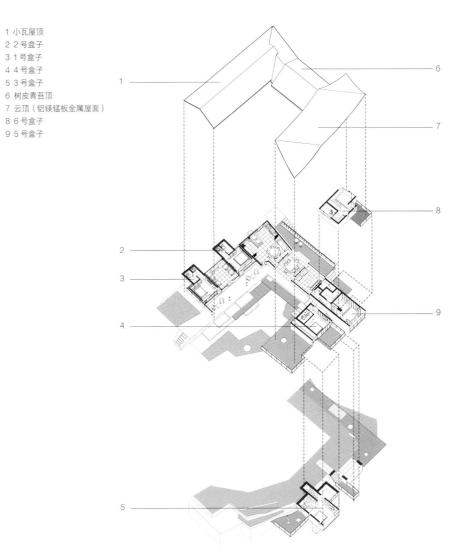

1 小瓦屋顶
2 2号盒子
3 1号盒子
4 4号盒子
5 3号盒子
6 树皮青苔顶
7 云顶（铝镁锰板金属屋面）
8 6号盒子
9 5号盒子

三栋房屋拆解分析图

改造后，老杨的祖宅，90年代的住宅和扩建的民宿客房呈U形布局，三边围合的院子比原先L形院子更具有领域感。老宅留给老杨，原本的三开间作为卧室、客厅、客人房使用。房屋结构不作大的改变，但以"房中房"的形式将卧室和卫生间封闭成室内系统。紧靠陡坡边沿的体量留给民宿，新建的客房部分阻挡了大部分游荡在山谷中的冷湿气流，同时它使身体在无比壮阔的自然景观前可以找到向内退守的倚仗。中间属于大家共享的部分，作为厨房、餐厅、茶室和接待。由于紧邻灶间，它很容易将公共活动从内院延展到这里，并从这里继续延展到东部平台。在篝火映衬下，当地工匠精心修复的树皮瓦屋顶和竹篾编织的隔墙呈现出粗糙而温暖的质感。考虑到如果沿坡体量太大，会遮挡朝向远山的视线（老杨经常坐在檐廊下一面抽烟或者泡脚，一面望着远山），所以扩建的民宿体量变成顺着陡坡垂直垒起来的"小颗粒"。

祖屋的树皮青苔顶与新建小青瓦屋顶形成的比对关系

　　我们为嵌在陡坡上的白色"小颗粒"覆盖了一个类似垂挂线的曲线屋顶,美其名曰"云顶"。一则它为"小颗粒"之间的空隙地带提供了某种庇护,同时与祖屋的树皮青苔顶及 90 年代的小青瓦屋顶形成一组蓄意的比对关系。另外,我们为了保持一贯的轻介入、低冲击的理念,用点状接触地面的树枝状结构撑起 8 个不同高度的平台,然后将 4 个大小不一的白色"颗粒"(客房)搁置到平台之上。最后用 6 根钢柱撑起最上层的云顶,并以斜拉索作为稳定构件。通过和结构师的反复沟通,确定了下部混凝土结构、上部木结构体系、顶部钢结构悬挂屋面、钢木组合结构平台的结构方案。

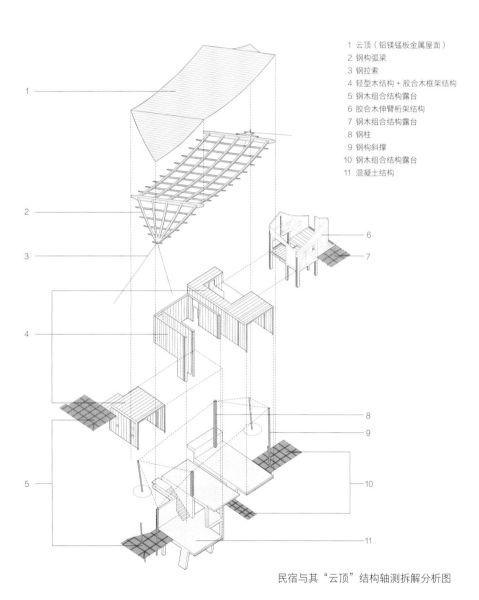

1 云顶（铝镁锰板金属屋面）
2 钢构弧梁
3 钢拉索
4 轻型木结构＋胶合木框架结构
5 钢木组合结构露台
6 胶合木伸臂桁架结构
7 钢木组合结构露台
8 钢柱
9 钢构斜撑
10 钢木组合结构露台
11 混凝土结构

民宿与其"云顶"结构轴测拆解分析图

　　三栋房子的屋顶相互倚靠在一起，却又保留着互不触碰的微小间隙。青苔树皮顶、小青瓦顶、铝镁锰板金属顶呈现出迥然不同的肌理与反光度。就像我们凿开岩土的断面，不同年代的沉积物层次分明一样。在场所中，时间总是被隐匿的层面叠合覆盖起来。当我们把层面逐一厘清之后，时间的质感就逐渐呈现出来。而且时间是只属于这个场所的，始终在这里隐匿地流动着，也只能在这个场所中追溯和体验。我们所做的只不过是剥离出时间的剖断面。

院子三边的建筑呈现出的不同样貌

体量之间的空间

室内局部

捧着杯热茶站在老杨卧室的窗边，远处群山的剪影被木窗棂分隔成一小幅一小幅的画面，它与毛糙的木桌面、水泥的地面、竹灯的光晕、老杨的棉布花被子以及手上茶杯的温度在知觉上慢慢融合起来。这种将前、中、远景叠合在一起的连续体验，在光线、肌理、气味、触感等的交织中得以实现。

房间两侧界面被打开而形成的共享空间

院子三边的建筑呈现出不同的样貌。东面的祖屋显得厚重而深邃，饱满的青苔屋顶是老杨用亲自从后山挖来的青苔重新修复过的。茂盛的青苔和蕨类将檐口压得更低，反而凸显了我们刻意打开的一个房间的重要性。

　　原本鉴于评估报告对老杨祖宅结构安全性的分析，准备采取全屋"结构替换"的方案。但这个方案又有可能对既有的青苔树皮屋顶造成不可逆的破坏。反复论证之后，我们还是采用"整体校正"的做法进行结构加固，并聘请当地的木工和瓦匠师傅，用当地一直沿用的传统工艺重新加固绑扎、修补青苔屋面。

　　原木结构设计方案优化为轻型木结构和胶合木结构的组合结构形式，其中胶合木结构除了梁柱框架外还用了两片伸臂桁架，以实现设计中"悬挑盒子"的想法。木结构可以在170mm的厚度内同时完成保温、水电走线等建筑构造需求，最大限度地释放出更多的使用空间。木结构施工完毕的同时二次装修也同时完成，降低造价并大大缩短了建造时间。

老兵之家入口

14

HOME FOR THE VETERANS

老兵之家

河 南 省 平 顶 山 市 山 头 村 · 2018.06 – 2018.08 · 70m²

改造后院落使用

改造前院落使用

　　该项目是 2018 年"梦想改造家"节目第五季第一期的改造项目，项目位于河南省平顶山市山头村，节目组要求在 15 天现场施工时间内为 93 岁的抗战老兵改造土墙老宅。老人原有的房屋屋顶漏雨、屋内没有卫生设施、地势低易积水，这些问题是老人对于此次改造仅有的诉求。除了解决这些基本的居住改善需求外，我们尝试用工厂预制模块化单元、现代钢木结构及现代夯土技术在特殊而苛刻的时间要求下介入乡村改造的可能性。

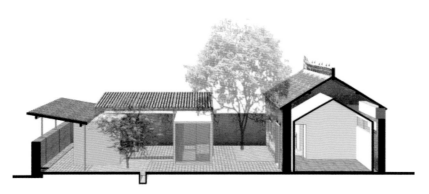

新旧关系剖透视分析图

入口视角改造前后对比

　　尊重老兵情感的特殊改造：这次快速改造以尊重老人的情感为出发点，为他还原一个有质感、有温度、有记忆的老宅，而不是单纯地建造一个全新的房屋。我们希望在有限的 15 天现场施工时间内，在改善、提升居住功能的同时保留北方农家小院的传统风貌和老人的记忆。为了完整保留青瓦屋顶和南侧土墙，我们用"偷梁换柱"的方式，在原本是墙承重的后墙上方支起跨度近七米的横梁来支撑屋架，从而拆除后墙，将在上海工厂内预制生产的起居、卫生间模块化单元利用轨道推入老房内。为了保留起居空间的舒适层高，并保存屋顶曾经的记忆，我们将客厅顶板设计为人字形，侧面透明的三角玻璃窗既能在视觉上增加房屋的高度，又可以显露老房原有的屋顶肌理。

夯土墙局部

日常使用中的院落鸟瞰

院落改造过程

　　激活院落空间的功能置入：依据传统的居住布局形式，整个院子的北侧仍旧作为老人的生活功能区，南侧设计为村中老人和志愿者们来探访老人时休息闲聊的活动区域，植入阅览室、休闲亭预制模块单元。阅览室模块为村中的孩子们提供了阅读、玩耍的空间。休闲亭模块与木质长凳、L形连廊共同形成休闲活动区域。我们不仅为给老人设计一个新家，也要为志愿者提供一个驿站，为村民建一个活动室。

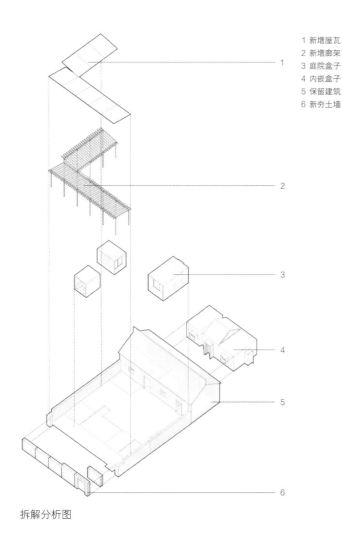

1 新增屋瓦
2 新增廊架
3 庭院盒子
4 内嵌盒子
5 保留建筑
6 新夯土墙

拆解分析图

院落内夯土墙一侧局部

与时间赛跑的建造过程：这个项目最大的困难是时间。因为施工时间的制约，6 个模块需要在 20 天内在工厂内完成结构、水电、墙面、安装等所有建造装修过程。模块的生产与现场施工时间产生冲突，当模块运送到现场吊装安装完成后，现场施工时间仅剩 5 天。得益于模块的快速安装，其后南院现代夯土技术墙体、现代钢木结构的 L 形连廊、排水沟及地面的修整建设，获得了相对充足的建造时间。最终，项目在预定的期限内竣工。

院落内新增体量

宅中的景框

午后廊下

SUSAS SECURITY ENTRANC
空间艺术季安检棚

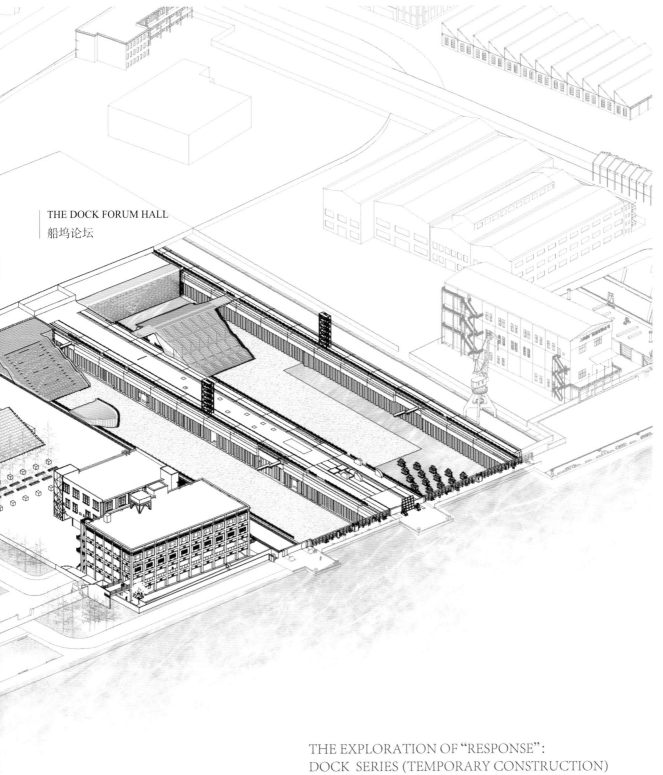

THE DOCK FORUM HALL
船坞论坛

THE EXPLORATION OF "RESPONSE":
DOCK SERIES (TEMPORARY CONSTRUCTION)

船坞系列

回应"大"的"小"，更利于在空间上相互连缀，让不同使用功能的空间彼此包容与叠合，让来自不同实体、不同媒介、处于不同理由的行为能够融洽地结合在一起。它是一种"修正式"而非"变革式"的思维方式，是通过对"技术体"的"大"的分解完成对"非回应性"的修正。

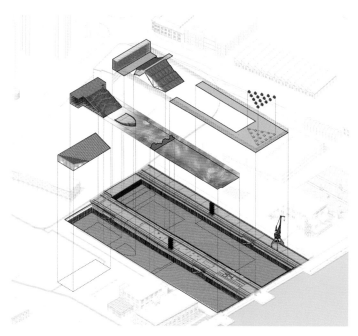

2019年上海城市空间艺术季主展场加建装置轴测拆解图（安检棚与双船坞）

　　2019年上海城市空间艺术季主展场选址于拥有一百五十余年历史的杨浦滨江上海船厂旧址，主展场设计拟对其中两座船坞及毛麻仓库进行改造，使之适应新的艺术展陈功能，并配建一座承担展场主入口服务配套功能的临时建筑——安检棚。

　　两座长度超200m、深度逾10m的巨型深坑——大小船坞，低调却震撼地诉说着这里曾经忙碌的船舶修造业。伴随艺术季的契机，通过置入大台阶与多功能的半室外集会空间，大小船坞被改造成为文化艺术展示的场所。告别船舶修造的电光火石，取而代之的是以船坞坞壁为近处布景、黄浦江水岸及对岸楼宇星光为舞台远景的当代艺术展示。江面上时而驶过的轮船进一步强化着场所感，形成了大小船坞绝无仅有的空间体验。市民的文化休闲需求与工业遗迹悄然融合，使船坞焕发出全新的活力。

船坞与场地关系鸟瞰

雨后安检棚夜景

15

SUSAS SECURITY ENTRANCE

空间艺术季安检棚

上海市杨浦区杨树浦路 468 号 · 2018.12 – 2019.09 · 1400m²

相互之间拼接具有一定柔性的铝板屋面

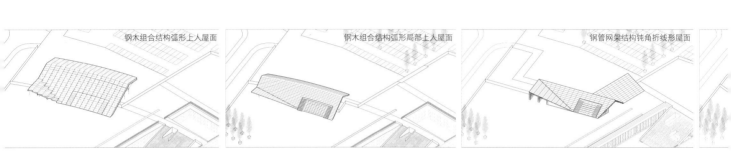

钢木组合结构弧形上人屋面　　　　钢木组合结构弧形局部上人屋面　　　　钢管网架结构钝角折线形屋面

空间艺术季安检棚使用场景

脚手架结构直角折线形屋面　　　　脚手架结构一字形屋面

多方案推敲过程

空间艺术季安检棚夜景

安检棚作为 2019 年上海城市空间艺术季主展场入口，为实现快速建造的目标，设计应在选址、选材、建筑结构体系、构造处理等方面遵循合宜的准则。脚手架是植根于建构逻辑的选择：选材为成品构件，易得易加工，更重要的是构件标准化、模块化，利于以简单的规则整合较复杂的空间形体；结构体系清晰合理、受力计算简洁明了；连接节点的构造处理方式成熟且易于施工。

作为重要的施工工具，脚手架在我国经历了近六十年的发展历程。从竹木脚手架到钢管脚手架，脚手架的承载力、耐火性均大大提高，也更加节约资源、环境友好。除少数偏远地区外，竹木脚手架已基本退出施工现场。脚手架的连接方式包括最早开始使用的扣件式、后来的碗扣式以及新型的承插型。项目选择了新型承插型中的盘扣式脚手架，较之扣件式、碗扣式，它具备受力更优、搭拆快、易管理、适应性强等优势。咬合加插销的连接方式，既保证了轴心传力特性、较好的抗风拔效果，也利于快速安装和拆除。每个盘扣上设有 8 个连接插孔，除水平、竖直构件外，还可便捷地连接斜撑，适合本项目需要通过脚手架实现一定跨度的无柱空间的需求。现场工人只需敲击加局部点焊即可完成节点的连接。

工业时代船坞内搭建脚手架修船旧照

安检棚形态映射船坞旧时作业场景

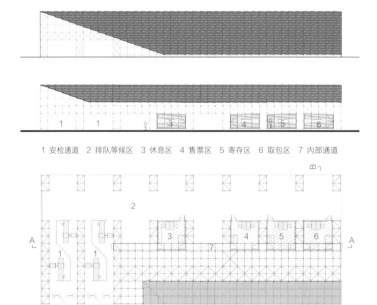

1 安检通道　2 排队等候区　3 休息区　4 售票区　5 寄存区　6 取包区　7 内部通道

安检棚意象照片及立面、平面图

　　设计通过脚手架抽象还原船坞内修船的场景，同时，通过脚手架单元化的建构方式实现了高度2.6m、跨度4.8m的多榀连续空间。

串联安检通道、取票、寄存、志愿者休息等功能空间的交通流线

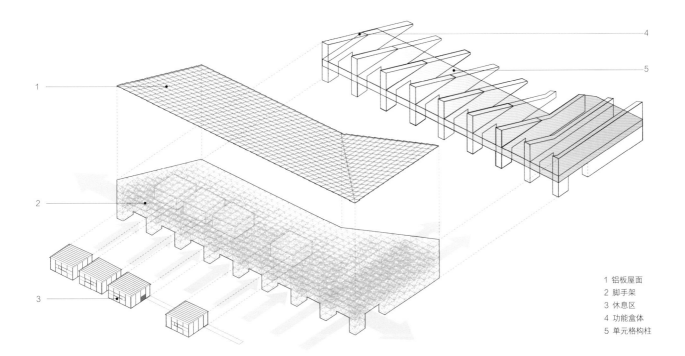

1 铝板屋面
2 脚手架
3 休息区
4 功能盒体
5 单元格构柱

在楔形体里形成"一横八纵"的游走通廊。"八纵"分别对应安检通道、取票、寄存、志愿者休息等功能空间;"一横"则作为交通动线将各个功能串联起来。

安检棚夜景

"漏光不漏雨"的屋面铝板

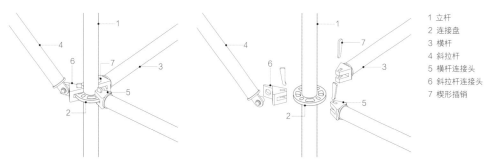

	1	立杆
	2	连接盘
	3	横杆
	4	斜拉杆
	5	横杆连接头
	6	斜拉杆连接头
	7	楔形插销

盘扣式脚手架连接点构件分解图

　　承插型盘扣式脚手架的杆件长度多以 0.3m 为模数。考虑到功能空间面积均较小，将其结构高度定为 2.4m 是适宜的。同时，为尽量减少连接节点，设计选取 1.2m 边长的脚手架立方体为结构基本模块单元。以此单元构筑"格构柱"加桁架的框架支撑体系。"格构柱"以 12m 的轴线距离沿纵向排布，共设 9 榀，底部通过与地面预埋件焊接固定。标高 2.6m 至 3.8m 的桁架实现了竖向结构平面外的抗侧能力。这些可以被理解为"主体结构"的部分满做斜撑，保证侧向稳定性。此外，在 0.2m、2.6m、5m 标高加设了水平斜撑，以对抗上海 8、9 月份的台风天气和其他未知风险。

选择铝板作为屋面材料，并用其模拟了瓦的工作原理：将3mm厚的铝单板屋面板四边翻折，作为加强肋提高了板块的刚度，减小了板块自身的形变，同时其对边异向翻折的部分左右、上下四向搭接。板块相互之间的搭接处理使建筑具有一定的渗透性，"漏光不漏雨"：雨水顺应屋面天沟处"水嘴"的形式层层汇入并传递至地面，而线性自然光和空气也通过上下板块间的预留缝隙在金属界面中洒下一抹明媚，消解了实顶屋面的沉闷，模糊了建筑与环境的边界。

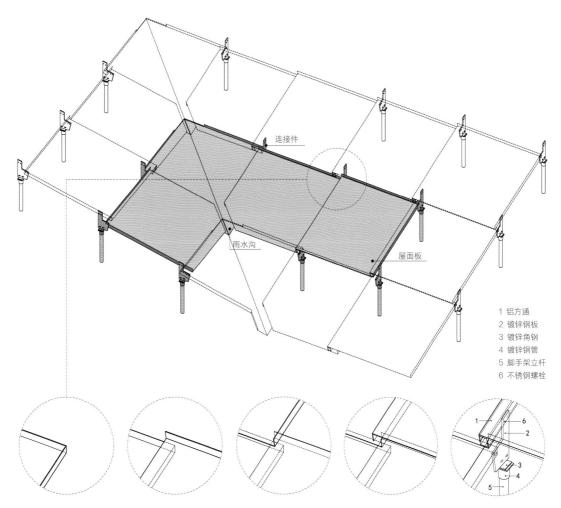

1 铝方通
2 镀锌钢板
3 镀锌角钢
4 镀锌钢管
5 脚手架立杆
6 不锈钢螺栓

屋面板块搭接关系分解示意图

铝单板跟随主体结构的系统模数，每个板块支撑在1.2m×1.2m的脚手架钢管柱头上。节点部分使用转接片与螺栓结合的方式，一方面可同时连接4片铝单板，另一方面可消解施工中产生的误差。

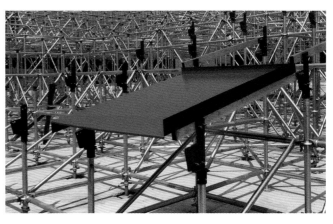

安检棚单片屋面镀锌钢板安装于脚手架

经过保留清洗的呈现丰富色彩的船坞内墙

16

THE DOCK FORUM HALL

船坞论坛

上海市杨浦区杨树浦路468号·2018.12 – 2019.09·1100m²

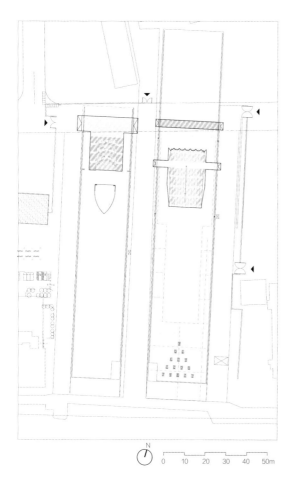

1号、2号船坞总平面图

2019 年 3 月，杨浦滨江南段被选定为上海城市空间艺术季的主办场地。艺术盛会将艺术品分布在绵延 5.5km 的杨浦滨江公共空间，以艺术植入空间的方式触发"相遇"的主题，搭建一个探讨"滨水空间为人类带来美好生活"的世界性对话平台。杨浦滨江公共空间便成为其中最大的一件公共艺术品。

双船坞作为 2019 年上海城市空间艺术季主展场的核心文化艺术展示场所而被改造。是 5.5km 的杨浦滨江公共空间展线的起点，沿线自西向东的第一件公共艺术品《船坞记忆》便位于 1 号船坞200m 长、30m 宽、36m 深的空间中。其通过中外艺术家的合作，结合装置、影像、音乐，以综合性的艺术表达梳理历史，探索城市的过去、未来，以及新世界的形态，与空间一同唤醒了这个拥有工业区独特历史感和艺术震撼力的场所。

2019年上海城市空间艺术季期间船坞鸟瞰

船坞论坛折板与连桥

1号船坞内水池

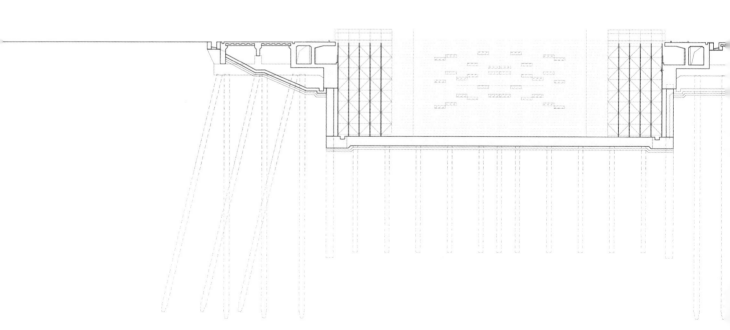

2号船坞内舞台

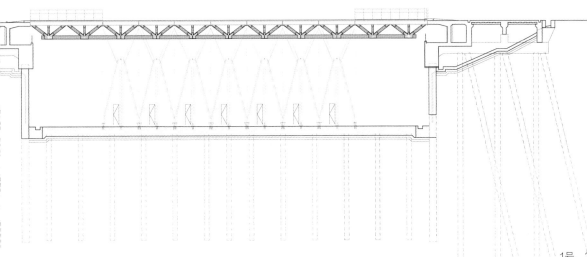

1号、2号船坞剖面图

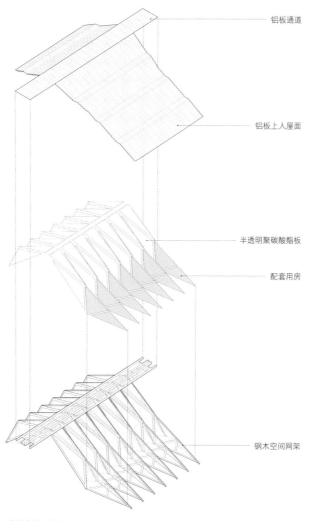

铝板通道

铝板上人屋面

半透明聚碳酸酯板

配套用房

钢木空间网架

结构拆解分析图

该船坞自 2015 年完成最后一个生产任务后，便成为荒芜的工业遗存。我们第一次到达这个空间，就被巨大的工业尺度和斑驳的工业气息所震撼。对于船坞的改造，我们采取了有限介入的策略。通过一万七千多根脚手架和三千多块预制钢踏板的预制拼装、现场搭建，在极短的 26 天时间内完成看台搭设，打开了船坞这一被封存的工业遗产地，为公众体验这一超常尺度空间提供了条件。同时，配合艺术家及开幕式的需求，采用了与坞壁同构的钢板桩形成船形舞台。配合日本艺术家高桥启祐的灯光艺术作品《水之记忆》、彩虹合唱团"杨浦七梦"的合唱作品以及中国艺术家刘建华的装置艺术作品《封存的记忆》，整个船坞空间形成了一个沉浸式的、有极高开放度和参与度的综合空间艺术作品。坞壁上是我们精心保留的在船舶修造过程中反复喷涂留下的层叠的油漆印迹，灯光影像遍布坞底坞壁，记忆的声音在船坞回荡，人们沉浸其中同历史互动对话。

顶面连桥通道

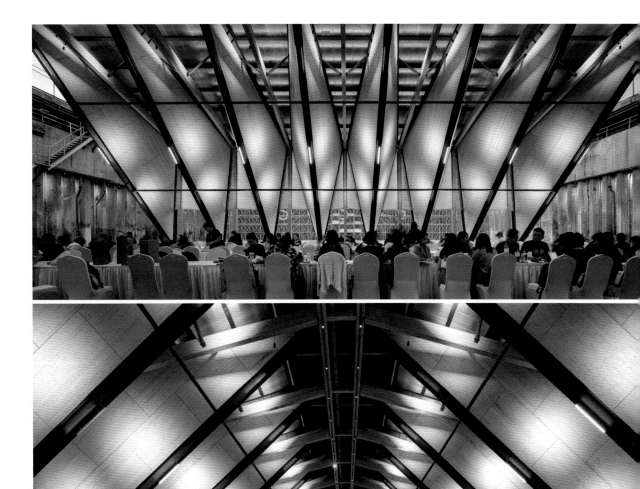

船坞论坛使用场景

船坞论坛剖面图

在主展馆片区的 2 号船坞中，举办了环同济设计周的会议论坛，还举办了时装秀等活动。我们将 260m 长、44m 宽、11m 深的 2 号船坞进行改造，保留了坞壁的印记以及船坞停用后紧贴坞壁自然长成的树木，配合灯光、镜水面及坞墩阵，形成一个既包含历史记忆又能激发无限想象的场所。

钢木混合的平面桁架结构 单向张弦梁体系   保留"人字形"内部空间截面－平行桁架折板效果   保留"人字形"内

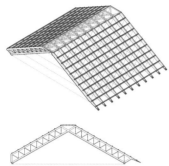
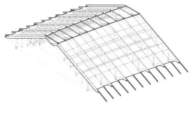

船坞论坛设计过程方案受力比对图

为了这样一个空间能够为公众体验和使用,我们在船坞北部设计了一个连通船坞两侧的大台阶。同时在台阶的下部复合了一个10m高、28m长、22m宽的极具特色的半室外集会空间,这个半室外空间同整个船坞的空间流动关联。

作为船坞两侧连桥的论坛

间加设一组折面　　　"人字形"空间界面向"拱形"转变 - 桁架加设拉杆　　　"人字形"空间界面向"拱形"转变 - 桁架增加腹杆　　　最终优化：明确增加垂直立杆形成自立性结构体

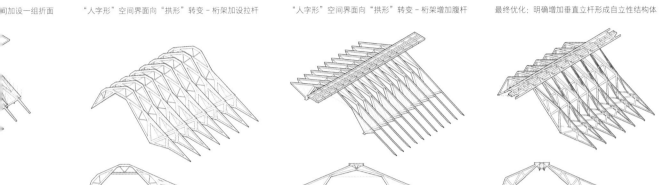

空间折板桁架钢木复合结构

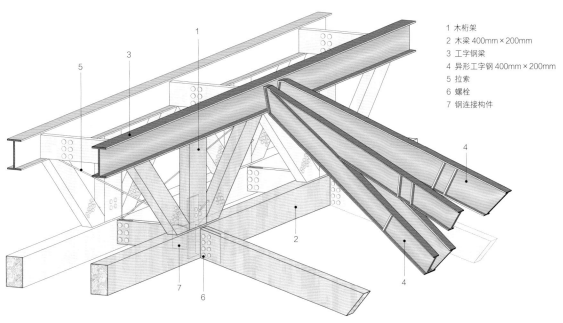

1 木桁架
2 木梁 400mm×200mm
3 工字钢梁
4 异形工字钢 400mm×200mm
5 拉索
6 螺栓
7 钢连接构件

船坞论坛廊桥节点分析图

　　面对最小限度触碰船坞结构的要求及 38 天的极限工期，我们创造性地设计了一个船骨式的空间折板桁架钢木复合结构。这是一个可自平衡底部类拱推力的结构体系，更是一个可预制拼装、快速搭建的结构。顶部的钢踏板也采用了快速预制拼装的体系。

船坞昼夜对比

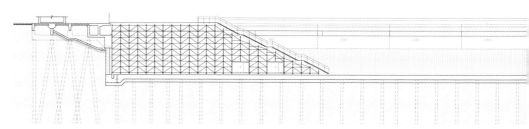

船坞论坛剖面图

最终在多方的努力协作下，我们激活了整个船坞，形成了一个有着无限使用可能的具有很强包容性和不确定性的魅力空间。

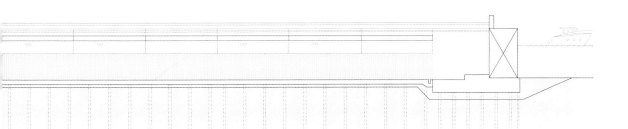

黄昏中的水上论坛

17

THE OVERWATER FORUM HALL

水 上 论 坛

上 海 市 崇 明 区 东 风 公 路 · 2020.04 – 2021.04 · 1020m²

规模宏大的城市展会事件对于区域发展的推动作用不言而喻，但这种快速的生长过程有时会不可避免地灭失掉一部分场地原生的痕迹。相对于城市发展进程的"大"，设计有时候反而更应该关注特质场所的"小"，这些"小"可能是一湾水、一棵树、一方石，它们长久以来形成了自己独有的性格和记忆，在不被关注的地方默默存在。我们尊重且愿意推动城市的良性发展，同时也愿意去保护那些可能相对弱小的一方。

2021年第十届中国花卉博览会将在上海市崇明区举办，预计日客流量将达300万人次。对于服务产业尚不完善的崇明岛而言，一批功能完善的配套项目对于花博会的顺利运营意义重大。东平特色小镇城市客厅项目紧邻花博会主园区，承担了重要的配套服务功能。在此背景下，几栋各具特色的"小"建筑在场地中生长出来，成为花博会这一"大"城市事件的重要激活点。

水上论坛与蜂巢酒店

由水面望水上论坛

水上论坛与场地关系立面图

由水面望水上论坛夜景

由水面望水上论坛日景

　　水上论坛是众多配套项目中一项特殊的存在。以往花博会的会展功能通常定位为大规模的会议中心，但是在这样一个与自然相关的盛会中，会展中心这种类型建筑很难让人感受到与大自然的亲近。同时，由于会议会谈功能类型的多样性，单一的会展建筑在使用时也会受到一定制约，因此，在配套项目中增加具有灵活性的商务会谈空间被提上日程。利用东风老场部分期开发的优势，业主方提出在小镇客厅地块建设一个富有特色的会议中心，提供会议、餐饮等复合功能。选址时，我们把目光投向了场地内一处废弃多时的鱼塘。

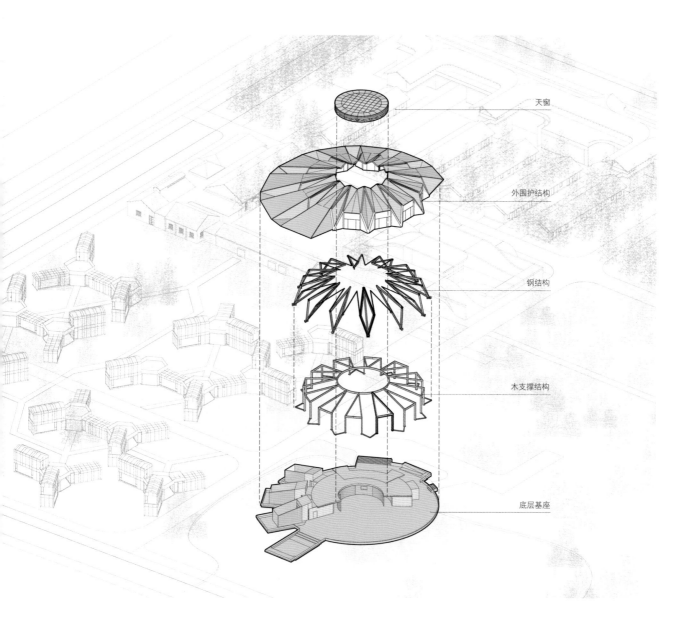

天窗

外围护结构

钢结构

木支撑结构

底层基座

拆解分析图

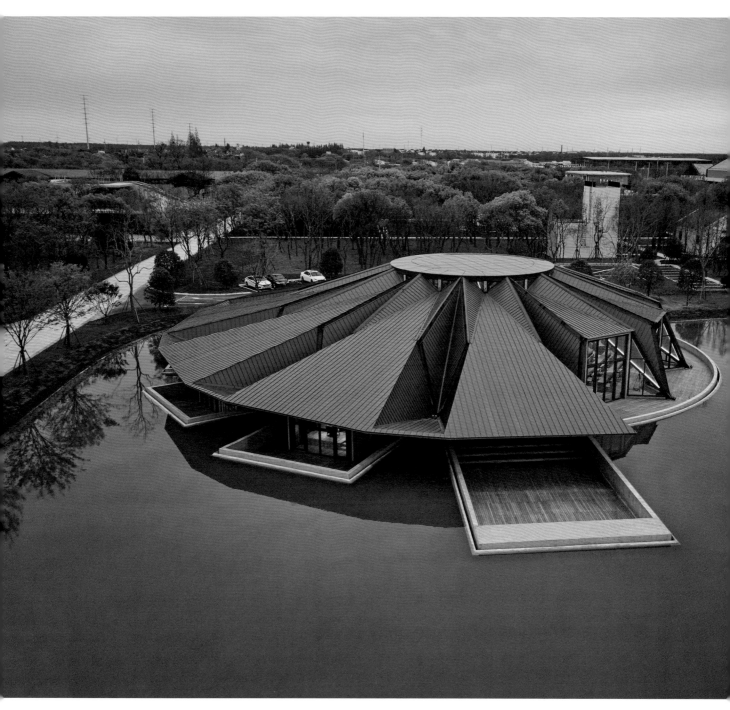

水景鸟瞰

　　鱼塘是什么时候开挖的我们已经无从得知，但周边的水生植物、不远处久未打理的树丛、目力所及广阔的农田都彰显着鱼塘已经形成了独特的生态环境。这里似乎是被人遗忘的角落，与一路之隔的将要建成的花海显得格格不入。自然的力量让人喟叹敬畏又难以捉摸，野蛮生长的杂树和野花比精心培育的植被更能适应这里的环境，但是当人类开发的行为进入到这方生境时，长久以来微妙的平衡很容易就会被打破。

水面挑台夜景

水面挑台日景

开始时水上论坛仅仅是作为一项提议进入花博会的筹备工作中，原因是距离花博会开幕已不足一年时间，在新冠疫情防控局势仍然紧张的时期，贸然地在白纸上绘制尚不确定的未来似乎是一场牵扯参建各方的冒险。看似小型的项目一旦进入到庞大的工程序列中，就会产生超越其能级的影响力。

水塘是这片场域一切的起始，因此保留原有水塘是确定下来的第一项原则，只有这样，后续发生的事情才有了存在的根源。与水相依相邻，借水成景才能让原有场地的优势发挥到极致。因此水上论坛只是轻轻地搭在了水面之上，周边富有野趣的景观成为其最突出的外部条件，同时我们不忍舍弃任何一个与周围场所互动的机会，通过一个向心型的结构形成满足150人会议功能的大空间，可以将周边景观纳入室内体系之中。由于用地性质的限制，水上论坛定性为临时建筑，需要满足拆除后异地重新组装的需要。结合地块自然风貌的特征，最终我们选择钢木结构体系营造整个建筑，所有构件都在工厂进行预制，最后现场拼装。最大程度上满足了工期需求，同时也将利用木材温暖的气质，融入整体环境中。

由室内望湖面

水生植物与入水观景台

　　为了回应灵活的功能诉求，需要在会议中心提供至少 150 人的多功能使用空间，并设立一系列独立洽谈区。结合向心型的空间特点，将多功能厅设置在整个体量中心，会谈区布置在中心多功能厅的外围，使得每个会谈区都拥有独立的景观界面。

　　整体结构选择使用钢木组合体系。为了营造向心型多功能厅，钢结构以三角桁架为基本单元，均向圆心处倾斜，上部使用圆形胶合木梁进行支撑。延伸出的挑板在根部使用胶合木柱进行竖向支撑。通过钢木组合系统完成整体结构体系的搭建。内部面层主要为铁杉木扣板，顶部、内部墙面、地板均采用这种材质进行铺设，钢结构裸露出来起到梳理内部空间体系的作用，强调向心型的营造原则。

屋顶航拍

水上论坛室内折板

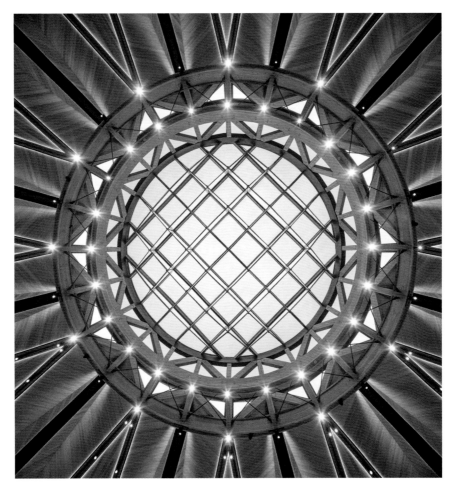

屋顶局部

室内实景

水上论坛入口

　　水上论坛位于小镇未来轴西端，以一个徐徐展开的态势轻轻漂浮在水面。钢木结构形成的无柱大空间，由于木材的运用拥有了亲切的气氛，与老场部的原生态氛围相契合。根据周围景观变化由西向东逐渐抬高的屋檐，引导室内使用者的观景视线从水面逐渐拉向远方。会议中心场地设计结合原有鱼塘的特征，缓坡入水，水边种植水生植物，为室内提供自然景观的同时，可作为小镇的海绵湿地，调节小镇微气候。极具特色的结构体系，融入场地的设计策略，形成了景观化生态型的接待、会议空间。

THE EXPLORATION OF INTROSPECTION

反　　思　　的　　小

芥子须弥谈论的不是大与小的问题，而是能反思"大"
的"小"。

"亭林有座"场地关系轴测拆解分析图

18

THE PAVILION GROVE

亭 林 有 座

上海市四平路1239号建筑系馆 B 楼·2018.09 – 2018.10·104m^2

"亭林有座"原状照片

　　这里原本是教学楼的一块飞地，衔接着中庭、教室、走廊和楼梯之间的空间，承载着诸多活动交会及过渡的可能性，但空间特性曾经并未与之相匹配。

　　在过去的三十年里，这里一直是一条走廊。大家都匆匆而过，没多少人留意过它，也做不了什么隆重的事。

穿孔铝板围合的亭子和连续的由铝板组成的超级家具，以及高低不
一的铝板形成桌和椅，一同提供着多种使用可能。

"亭林有座"细部

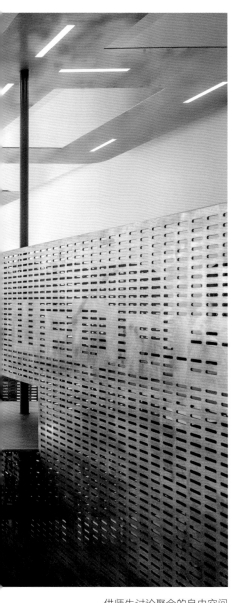

供师生讨论聚会的自由空间

现在，这里有了一些变化。出现了一个类似于小树林一样的地方，虽然
还是做不成什么隆重的事，但至少可以停下来系一下鞋带，收拾一下背包，
喝完手中剩余的咖啡，甚至可以画上一张草图，这就有些隆重的气氛了。也
可以约上三五好友聚一聚，或是和社团的伙伴开个不太正式的会。人们可以
在空间中进行讨论、聚会、评图等活动。

穿孔板与镀锌支柱

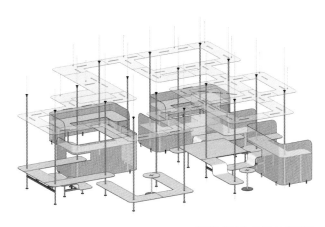

"亭林有座" 轴测与分解图

就像小时候路过的那片树林，树下席地而坐，树上云淡风轻。而它又不是普通的小树林，它由几组相关联的亭子重叠而成。为了建构这组亭林，我们使用了 59 根镀锌圆钢管、57 块铝板、30 组鱼骨状支撑构架、96 组连接件、58 盏灯具。

空间使用的多种可能性

它是一个像建筑一般的超级家具，在空间的引导下探讨使用的多种可能。它也是一个像家具一般的
微建筑，在最基本的人体尺度里体验空间的变化。

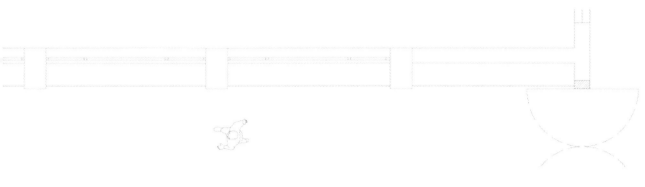

"亭林有座"衔接了楼梯与教室走廊之间的空间。它如建筑一般以超级家具的姿态介入空间之中，铝板弯折塑造了桌面、座椅并分割空间。

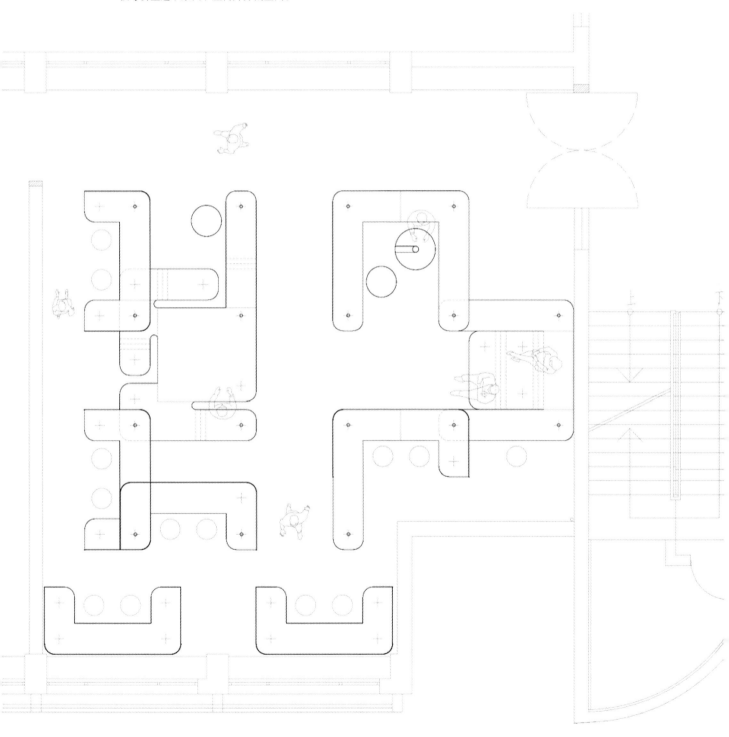

"亭林有座"平面图

学生在"亭林有座"中自习

　　我们还希望它不仅是家具或建筑，而是代表了像树林般自由生长的意愿与蓬勃状态，如同设计带给我们的意料之中的喜悦与意料之外的可能。就像小时候路过的那片树林，树下虫鸣啁啾，树上繁星闪烁。

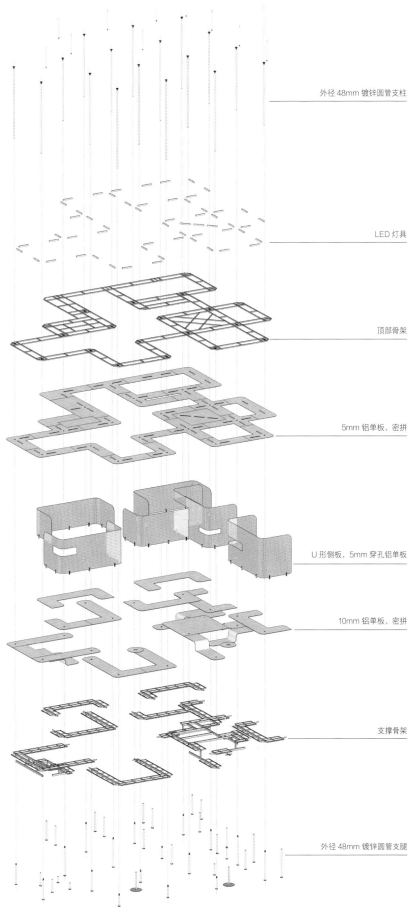

外径 48mm 镀锌圆管支柱

LED 灯具

顶部骨架

5mm 铝单板、密拼

U 形侧板，5mm 穿孔铝单板

10mm 铝单板、密拼

支撑骨架

外径 48mm 镀锌圆管支腿

"亭林有座"构造拆解图

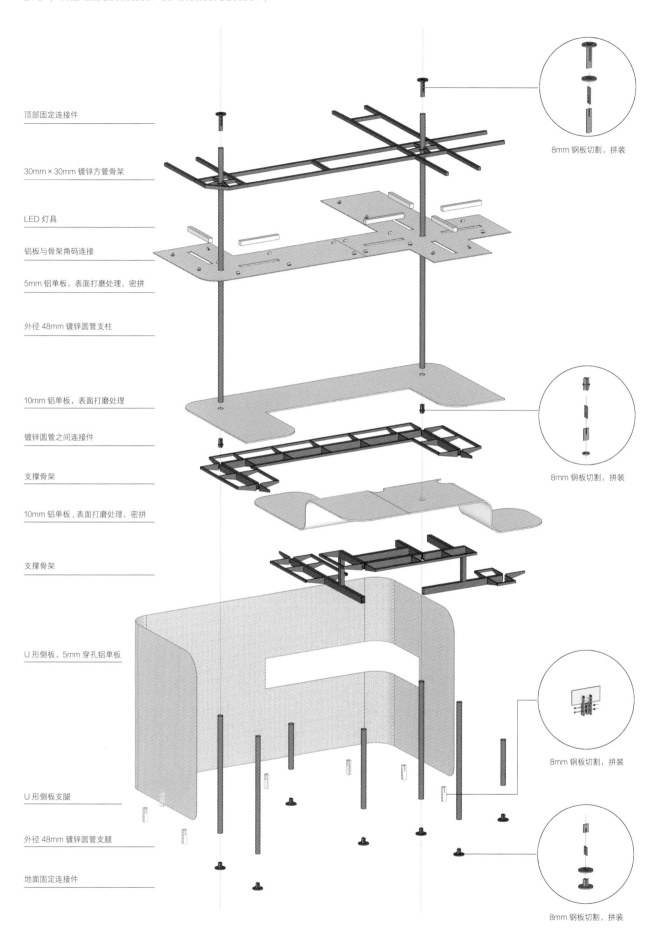

顶部固定连接件

30mm × 30mm 镀锌方管骨架

LED 灯具

铝板与骨架角码连接

5mm 铝单板，表面打磨处理、密拼

外径 48mm 镀锌圆管支柱

10mm 铝单板，表面打磨处理

镀锌圆管之间连接件

支撑骨架

10mm 铝单板，表面打磨处理、密拼

支撑骨架

U 形侧板，5mm 穿孔铝单板

U 形侧板支腿

外径 48mm 镀锌圆管支腿

地面固定连接件

8mm 钢板切割，拼装

8mm 钢板切割，拼装

8mm 钢板切割，拼装

8mm 钢板切割，拼装

"亭林有座"局部构造拆解图

连续铝板组合成的桌椅细部

飞鸟亭与亲水驳岸

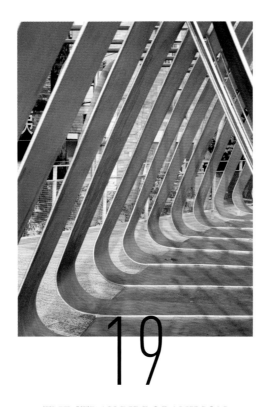

19

THE STRAY BIRDS PAVILION

飞 鸟 亭

上海市黄浦区南苏州路新闸路桥旁·2018.03 – 2019.12·100m²

飞鸟亭与场地周边关系航拍照片

对凉亭的改造起于对场地的梳理：休息平台与两条平行于河岸的漫步道相通，同时又通过两端的大台阶分别与东侧的小广场及南侧的跑步道连接，面积不大的平台却交织了这样多的通行需求，如何在其中创造出一个安静的观水休憩空间是首先要解决的问题。

改造前场地原状照片

　　平台上原先有一个张拉膜结构凉亭，四根斜钢柱穿过结构顶板连接地下基础。作为滨水空间的景观小品，原有膜结构凉亭停留性差，体量不足以成为小广场的空间背景，也难以满足"制高点"对识别性的要求。

飞鸟亭建造过程照片

如羽翼般的结构韵律

这样一个长度达 14m 的全铝结构整体，重量完全承托在原先的四根线性排列的斜柱之上，雨棚向上往河边悬挑，铝条向下通过栓接轻巧地搭在平台的边沿，整体维持着巧妙的平衡。

飞鸟亭与双层亲水平台

改造后凉亭如展翅的小鸟落于水岸

飞鸟亭基于原状，建在一处半地下倒班房的屋顶平台之上，独特的位置使其成为苏州河南岸乌镇路桥和新闸路桥之间的滨河空间"制高点"。改造保留了起初的场景记忆：站在平台之上，苏州河从脚下静静流过，可感受微风与水面的舒畅，举目四望。沿着河边漫步道走来，远远看去，如同羽毛般的结构韵律，如悬浮般的体量支撑，使新的凉亭像是银色丝带织成的小鸟，在苏州河岸边振翅待飞，身姿轻盈，向水而生，因此而名"飞鸟亭"。

飞鸟亭细部照片

　　沿原场地斜柱柱础弧线排开的铝结构单元，划分了场地内外。弧线外侧分离出供通行的漫步道，弧线内侧则自然形成了一个半包围的休憩空间，梳理了两侧相连的城市流线关系。

铝结构单元继续向内向上生长，放大聚合成了雨棚，为这片小天地遮风避雨，人们落座于结构单元"缝隙"之间，面水而观，谈笑风生。

通过形态梳理组织河岸多个标高空间

飞鸟亭实景照片

　　飞鸟亭原结构在一处半地下倒班房的屋顶平台之上，平台下是开阔的小广场
和亲水驳岸。设计保留了倒班房原有结构，存续原先场地高度成为有利的设计
条件。

剖面图展现了改造后的飞鸟亭与亲水驳岸、地下倒班房、城市道路的关系。

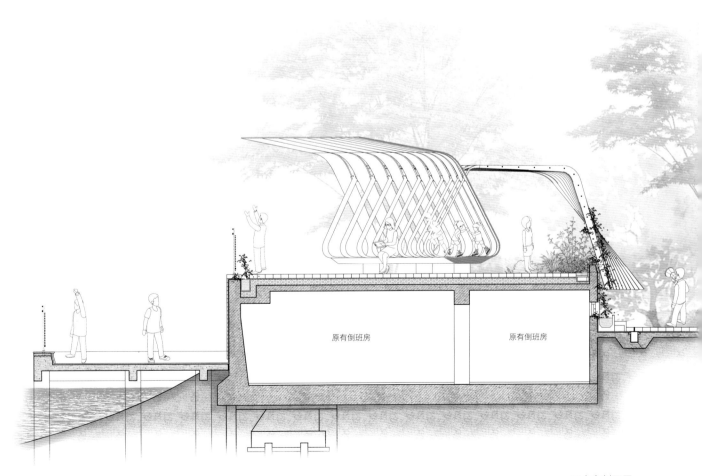

原有倒班房　　　　　　　　　　　　原有倒班房

飞鸟亭剖面图

为植物攀爬提供可能的结构构件

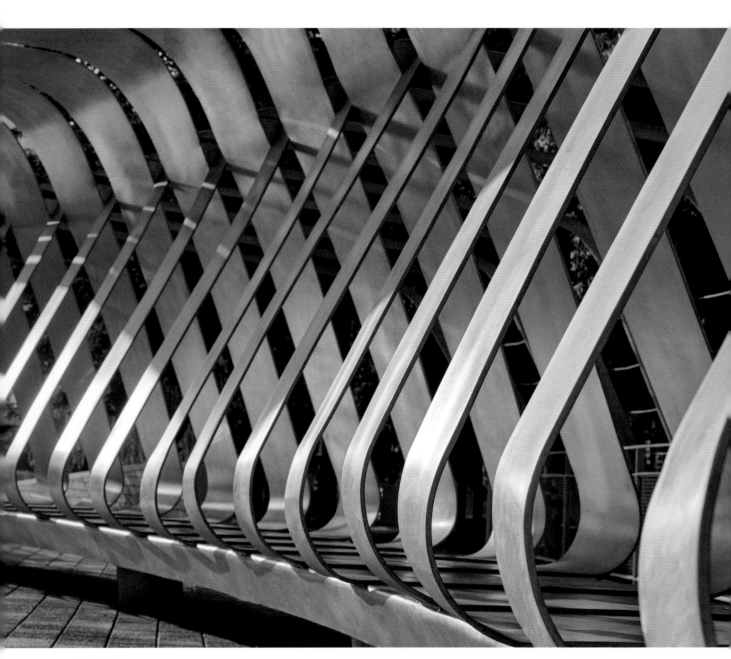

结构韵律

将原先四根斜柱裁切到人们落座的高度作为新结构的支撑基座，依其定位阵列出沿弧线排开的铝结构单元，这样一道弧线就划分了场地内外。

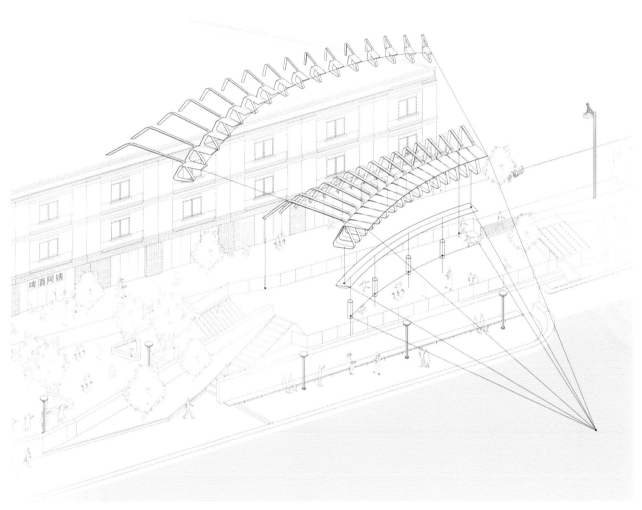

结构单元拆解分析图

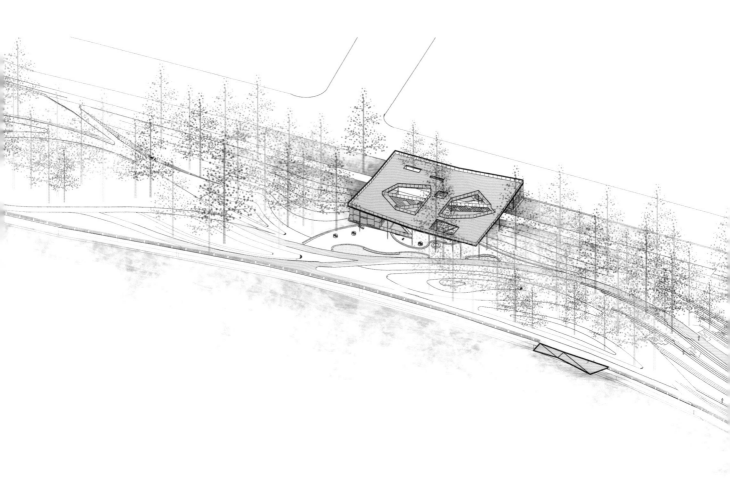

20

"WINGS OF WONDER" AMUSEMENT
PARK FOR CHILDREN

燕几之翼

深圳市宝安区洋涌路 26 号附近·2020.02 – 2020.09·940m²

屋顶鸟瞰

　　燕几之翼位于深圳宝安区茅洲河中段北岸，它以儿童乐园为主题，将各功能和景观场地整合，是一座集游乐、休憩、观景为一体的立体亭架游乐园。

燕几之翼方案生成分析图

观景屋面

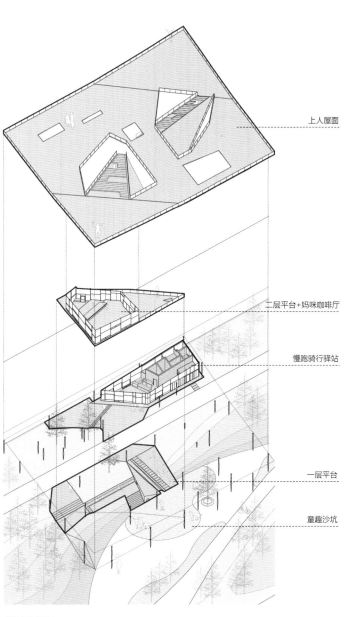

上人屋面

二层平台+妈咪咖啡厅

慢跑骑行驿站

一层平台

童趣沙坑

轴测分析图

从燕几之翼中望河景

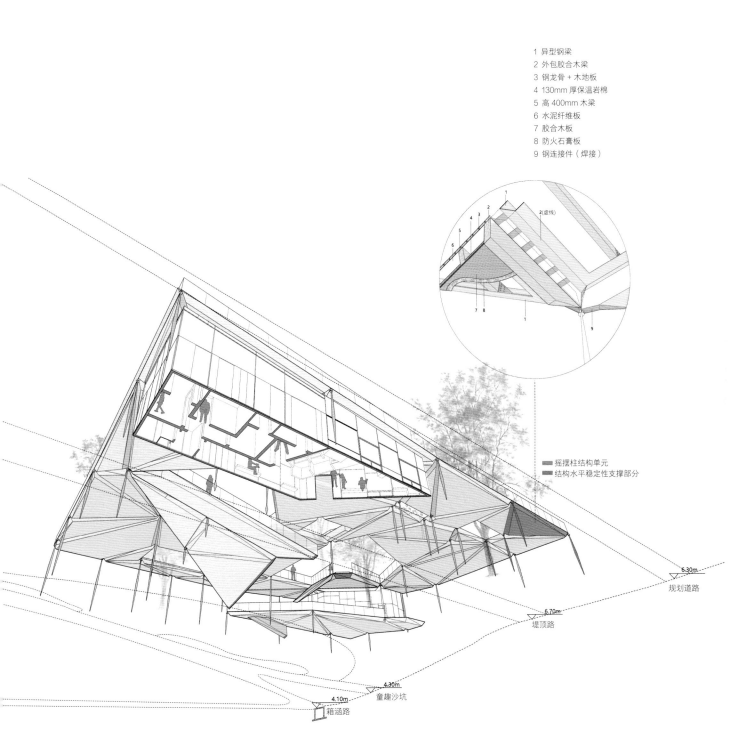

1 异型钢梁
2 外包胶合木梁
3 钢龙骨 + 木地板
4 130mm 厚保温岩棉
5 高 400mm 木梁
6 水泥纤维板
7 胶合木板
8 防火石膏板
9 钢连接件（焊接）

摇摆柱结构单元
结构水平稳定性支撑部分

6.30m
规划道路

6.70m
堤顶路

4.30m
童趣沙坑

4.10m
箱涵路

燕几之翼仰角剖透视图

　　它的建构极具巧思：一方面，设计从中国传统的儿童智力玩具"七巧板"中汲取灵感形成基础构型——摇摆柱体系，同时，七巧板在古代宋朝被称为"燕几图"，也是古人聚会时可以组合使用的案几。该结构轻盈地漂浮于场地的树林之中，两角翘起，仿佛掀起的翅膀，故取名为"燕几之翼"。

下穿步行路径

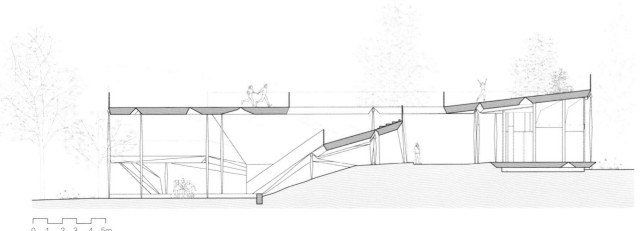

0 1 2 3 4 5m

剖面图

摇摆柱与钢木楼梯

咖啡厅照片

由漫步道观望燕几之翼

一、与文化结合的建构

驿站采用了具有创新性摇摆柱体系，以每个三角面与支撑角点的 3 根柱子作为基础构型，在 36m×40m 的范围内连续生长。该结构具有较好的结构建构表现力，并满足快速建造的需求。

为解决竖向支撑稳定性，我们将三角形构件的长度控制在 11m 内，并设计了直径 160mm 的梭形柱及 230×250mm 的锥形柱帽，消解了扭转力和弯矩，使柱子只接受轴向力。

为解决水平稳定性，运用咖啡厅斜拉索、公共卫生间承重墙体、户外滑梯和钢木大楼梯等形态和功能相统一的构件，对水平稳定性形成控制，从而使梭形柱的直径减小至 160mm。梭形柱与三角形屋面的组合"漂浮"在滨水树林中，使人群在亭架下有一种反重力的错觉。

与环境和配植相融的建构材料

燕几之翼沿河立面

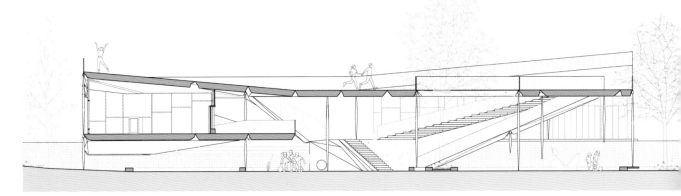

剖面图

二、清晰可见的建构材料

原方案采用现代木结构 CLT 功法胶合板材制作三角形的整体预制板块，后优化为"外圈 C 型钢梁＋400mm 高木梁＋CLT 板"的复合体系。

所有三角面之间采用相对铰接的方式连接，人们在亭架下可清晰地看到体系中所有的材料，具有较好的建构材料表现力，并且实现了造型、建构与材料的一致性。

屋顶洞口

人们在屋顶下漫步穿行

三、建筑景观一体化

驿站位于茅洲河北岸的滨水绿化区域内，北邻洋涌路，南邻茅洲河箱涵路，基地于南北方向跨越茅洲河堤顶路，东西两侧与茅洲河景观绿地毗邻，并被场地周边的树林环绕。

原场地上生长着多棵状况良好的树木，我们在"七巧板"形式的屋顶上根据需求设置了4个洞口，使场地树木在原位置上繁茂生长，使建筑与树木融为一体，互相缠绕，实现建筑与场地景观之间的一致性。

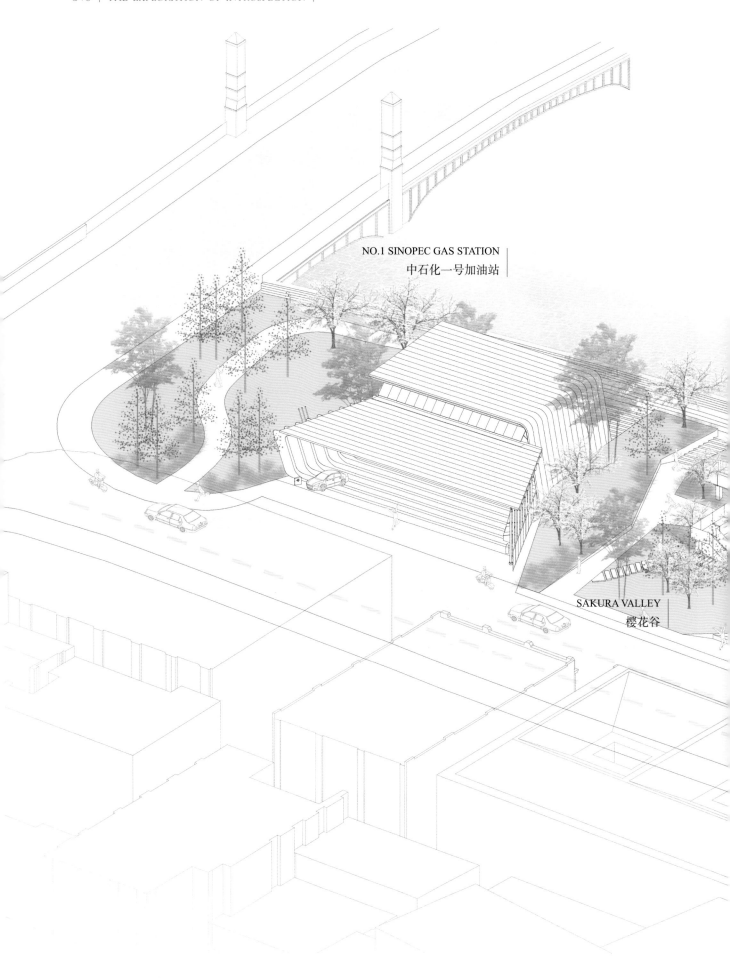

NO.1 SINOPEC GAS STATION
中石化一号加油站

SAKURA VALLEY
樱花谷

THE EXPLORATION OF INTROSPECTION: INFRASTRUCTURE TRANSFORMATION SERIES
苏河折系列

基础设施不再永远隐藏在城市的"背面",而变得更加触手可及。它在物理层面上打开城市的一角,使生活在其中的人们获得更加复杂与丰富的经历,获得更多开放的、意料之外的机会。

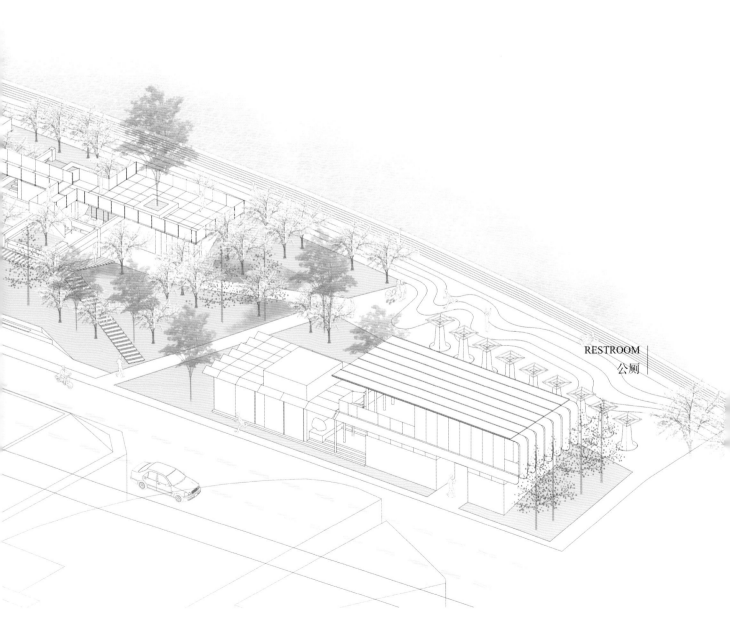

RESTROOM
公厕

处于城市中心区的加油站地块

加油站沿河面夜景

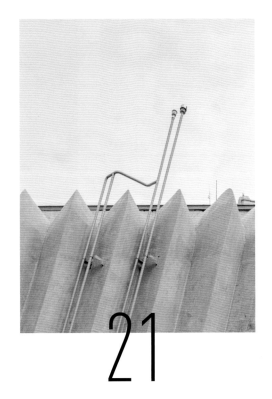

21

NO.1 SINOPEC GAS STATION

中 石 化 第 一 加 油 站

上海市黄浦区南苏州路 198 号·2018.03 − 2020.09·222.64m²

加油站改造前街角照片

其原址为1948年建成的中国第一个国营的加油站，该站在洋商垄断的背景下建造起来，在当时振奋了国民志气。1949年5月上海解放后，该站被命名为"第一加油站"。

　　中石化一号加油站位于苏州河边上滨河景观带之中，靠近黄浦江与苏州河的交界处，紧邻四川路桥。原有加油站的模式为习以为常的超市、办公加上钢结构罩棚的模式，缺乏公共性和通透性。总体动线组织上，加油的机动车流线同公众流线之间缺乏适当的分流。功能上，绝佳的景观资源无法被单一的超市与加油功能所利用。文化资源在原有模式化的加油站上也难以有与众不同的体现。

改造后加油站街角照片

加油站沿街正立面

　　因此我们在设计中的重点在于如何突破原有加油站的固有模式，形成一个公共通透、动线合宜、功能复合、处于当代语境中的基础设施加油站建筑。加油站被命名为"苏河折"，结构和建筑形态一体化的方式，使得折板成为建筑最主要的特征。

1 排水檐口
2 玻璃雨棚
3 加油口
4 加油管线
5 栏杆
6 花架
7 设备管线
8 竖挺
9 轨道射灯
10 加强筋
11 空调出风口
12 空调回风口
13 直立锁边屋面
14 射灯轨道
15 钢折板

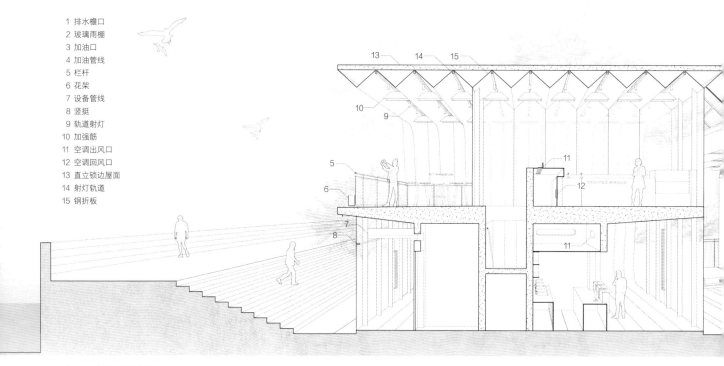

加油站剖透视分析图

　　加油站的设计从滨河景观带的梳理开始，将原有的南侧混合动线拆解为南北两条动线。行人从靠近河边的北侧绕过加油站，加油车辆则从南侧出入。拆分流线后，加油站的公共方向也由原来的南侧变为南北两侧，正好同城市—滨河景观的通透方向一致，从而确定了南北贯通、通透的建筑方向，最大限度地消解加油站建筑对于滨河景观的阻隔。

加油站分为一虚一实两个体量，虚体量为加油棚架，实体量为站房。不同于以往的两个异质的完全功能化的处理方式，此次设计采用折板产生形体的相互关系，在同一逻辑作用下共同完成建筑的形态塑造。

施工过程照片

咖啡厅一侧沿河鸟瞰

加油站考量加油方式与空间使用间的配合，选择了悬挂式供油系统，加油管线成为场所内隐形的空间线索。

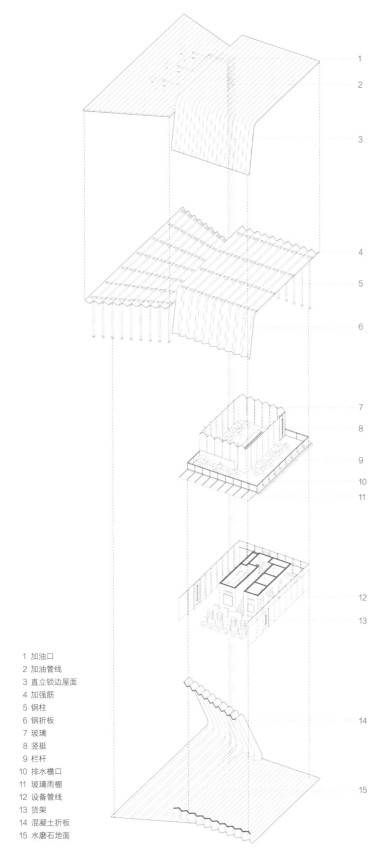

1 加油口
2 加油管线
3 直立锁边屋面
4 加强筋
5 钢柱
6 钢折板
7 玻璃
8 竖挺
9 栏杆
10 排水檐口
11 玻璃雨棚
12 设备管线
13 货架
14 混凝土折板
15 水磨石地面

加油站分解分析图

二层咖啡厅露台

　　由于加油的功能需求，加油站的棚架具有一定的跨度需求，考虑到折板形态具有增加跨度的作用，具有结构理性和视觉特征一体化的特点，因此建筑被构想成为一高一低两组从地面翻折而起的折板，高的一组折板容纳了二层站房的功能，一楼为超市，二楼为咖啡厅，略矮的一组折板覆盖了加油的区域。

混凝土外墙细部

中石化第一加油站兼顾石油文化和历史传承，在其外绿化步道入口处嵌入上海石油大事记铜牌，展现石油商业发展历程；沿步道两边依次陈列着几代加油机模型，古老的加油机与现代化的加油站交相辉映。

加油站与其绿化步道中的加油机模型

加油站临河一侧入口

加油站二层露台

　　每组折板一端折板顺延落地，另一端以一排细柱支撑，进一步凸显了折板的形态特征。折板在设计的初期被构想成为钢结构折板，然而考虑到钢结构直接落地产生的生锈风险，与地面接触的部分，折板的材料改为清水混凝土，因此折板变成了钢结构折板和混凝土折板结合的结构体，两组折板体量在不同的高度发生材料改变，在保证形态连续性的同时，钢折板通过铰接的方式锚定在混凝土折板之上，并将交接点空开、露出来，以增强结构的可读性。

　　此次改建采用的全悬挂式供油系统同样是国内领先的加油新模式，其最大优势是空间集约，解放了地面层的使用方式，车辆可以更加方便地进出和引导。由改建前 2 个加油岛、2 个车位的空间，转变为可以 4 辆车同时进入加油。车辆通过率的提高，促进了油品销售量的提升，从而进入良性循环。土地资源得以更充分地叠合利用，同时也颠覆了传统加油站的形象。

柱子和折板交接也顺应铰接点的方式，一方面使得柱子主要承受轴向力，从而达到减小柱子直径的目的；另一方面，使得钢结构折板显示出轻盈和简洁的状态，落地的混凝土折墙则在对比之下，更加呈现出精致有力的空间质感。

改造后第一加油站加油区及悬挂式加油机设备

图中展示了底层超市内露出的钢折板与混凝土折板铰接点细部，以及其增强了结构可读性的实景效果。

相邻加油区的底层超市室内

室内楼梯与展墙

站内楼梯墙绘《上海石油成立以来大事记》，二楼空间将《一号站的历史记录》制作成半
透明海报，悬吊于顶棚，秉承一种历史与当下交融、文化与产业结合的态度。

连通平台、超市和咖啡厅的室内楼梯

可以眺望河景的加油站二层咖啡厅

　　这座"第一加油站"历经了七十多年的岁月蹉跎和历史沉淀，在苏州河畔见证了中国石油商业的发展历程。它是石油行业发展的经历者，更是上海城市变化的见证者。此次改造设计不仅实现了油品升级和装置改造，而且融入了苏州河滨和公共景观带的设计理念，构建"人、车、生活"驿站的美好前景。这座紧邻苏州河的加油站从外观形象、服务范围到管理模式都结合了空间设计，实现了跨越式的发展。

与苏州河形成对话关系的立体慢行网络

22

SAKURA VALLEY

樱 花 谷

上海市黄浦区南苏州路198号旁·2018.03 − 2020.09·室外

场地内由左至右分别为公厕、樱花谷、中石化一号加油站。

加油站地块改造前航拍　　　　　　　　　　　　　　　　樱花谷改造前倒班房锥形玻璃天窗

　　在乍浦路桥与四川路桥之间，原有一个半地下建筑，功能为绿化倒班房等市政服务功能，倒班房屋面的部分为上人屋面，另一部分为一组正方锥形玻璃天窗。随着城市发展，苏州河的城市功能也从原有的城市功能性河道转变为以景观和公共活动为主的生活性滨水空间，原倒班房从功能和形态上与新的滨河空间定位有差距，因此设计中将对倒班房建筑进行改造。

改造后樱花谷航拍

樱花谷改造后鸟瞰　　　　　　　　　　　　　　　　　　　　　　　　　　　　　　　　　　　　　　　樱花谷改造前鸟瞰

消隐在场地中的樱花谷沿街实景照片

樱花谷下沉空间

樱花谷下层

樱花谷游廊上层

　　我们认为城市空间应该是可以讲述故事的空间，曾经存在的空间状态应该或多或少留下些痕迹，最后呈现的应该是一个如同层层半透明胶片叠合的空间状态。因此考虑到此倒班房的结构和空间具有一定的利用价值，在改造的过程中保留原建筑的结构框架，打开了所有的隔墙，原有建筑的地坪标高被开放出来。

　　在建构层面，我们力图表达钢结构轻盈通透与混凝土框架厚重沉稳的对比关系。在自由多变的钢结构游廊体系与均质的混凝土框架体系的交点之处，我们将均质的钢结构框架（局部为双侧悬挑钢梁的细小柱子）与混凝土框架铆接，钢格栅和花纹钢板体系被嵌入到钢结构框架之中，保证了整个钢平台的厚度可以控制在50mm左右。钢结构栏杆采用扁钢加正交钢网的形式，扁钢与钢结构框架具有对位的模数关系，钢网整合在扁钢框架中，保证了通透的同时也呼应了钢平台的结构构成逻辑。

　　在材料方面，原有的结构框架以水洗石的方式统一起来，同钢结构的立体观景游廊形成一轻一重的对照对话关系。

在结构与空间的组织配合下，游人们获得了坡地、坡顶、构架顶三个标高的立体观景活动空间，空间的
利用率和丰富性得到了提升。

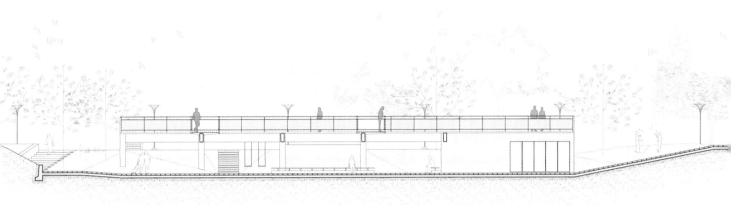

横向剖面图

樱花谷沿河鸟瞰

开放边界与多向路径

下沉的樱花谷掩藏在城市滨水岸线之下，丰富了市民日常亲水活动的空间层次，为城市提供了多种可能的开放公共空间，也受到了时尚、新闻、广告等媒体工作者的青睐。

夏日樱花谷

多个层次的空间处理让人们可以多种角度体验、享受滨河景观，增强城市公共空间的"游目与观想"之意。

多个层次的亲水活动空间

樱花谷下沉空间实景

樱花谷活动实景

多向渗透的下沉空间

上层游廊与下层步道

部分结构框架间被改造成为树池，其中种植樱花树，以延续场地中原有的植物序列。樱花树构成了场地内主题性的植物，变为这组构筑物的特征性线索。

被保留的场地原有樱花树

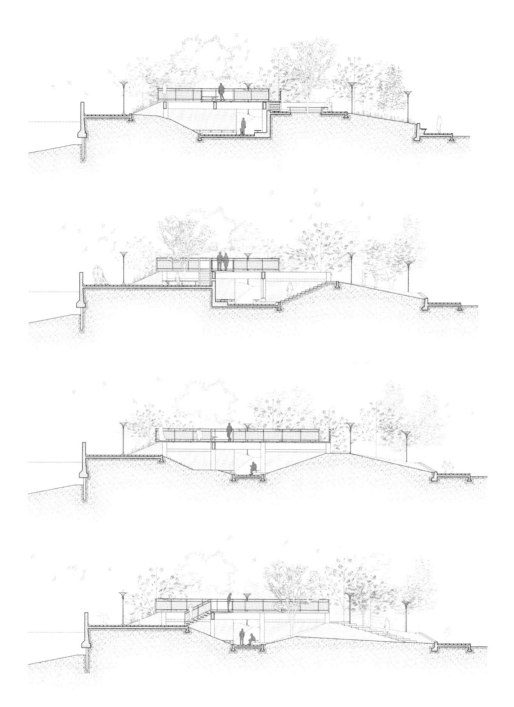

连续剖面分析图

当樱花盛开时，樱花、河景可以被立体性的体验串接，设计希望营造一个带有时间性和自然性的、有强烈记忆度的公共空间，因此也命名此处为"樱花谷"。

项目信息

项目名称：人人屋
项目详细地址：上海市杨浦滨江杨树浦港东侧
项目设计年份：2018年3月—2018年5月
项目完成年份：2018年7月
建筑面积：72m²
设计团队：章明、张姿、秦曙、张琦（实习生）、刘品逸（实习生）、徐楚正男（实习生）

项目名称：人人馆
项目详细地址：上海市杨浦滨江杨树浦港东侧
项目设计年份：2015年6月—2016年10月
项目完成年份：2017年6月
建筑面积：1410m²
设计团队：章明、张姿、秦曙、李雪峰、羊青园、余点（实习生）、张奕晨（实习生）

项目名称：人人塔
项目详细地址：上海市杨浦滨江杨树浦港渔人码头
项目设计年份：2020年1月
项目完成年份：2020年7月
设计团队：章明、张姿、秦曙、羊青园、刘静怡（实习生）

项目名称：芦池杉径与纺车廊架
项目详细地址：上海市杨浦区杨树浦路1056号
项目设计年份：2015年7月—2016年3月
项目完成年份：2016年7月
建筑面积：350m²
设计团队：章明、张姿、秦曙、李雪峰、王晴雨（实习生）

项目名称：净水池咖啡厅
项目详细地址：上海市杨浦区杨树浦路2800号
项目设计年份：2015年6月—2018年8月
项目完成年份：2019年9月
建筑面积：300m²
设计团队：章明、张姿、秦曙、李雪峰、李晶晶

项目名称：桩亭
项目详细地址：上海市杨浦区杨树浦路2800号
项目设计年份：2015年6月—2018年8月
项目完成年份：2019年9月
建筑面积：90m²
设计团队：章明、张姿、秦曙、陶妮娜、李雪峰、张奕晨（实习生）

项目名称：介亭
项目详细地址：上海市黄浦区南苏州路76号
项目设计年份：2019年
项目完成年份：2020年
建筑面积：94m²
设计团队：章明、张姿、王绪男、张林琦、丁纯、王祥、郭璐炜

项目名称：林景驿
项目详细地址：深圳市宝安区洋涌路79号附近
项目设计年份：2020年2月—2020年4月
项目完成年份：2020年9月
建筑面积：100m²
设计团队：章明、张姿、秦曙、李雪峰、羊青园、蒋思思（实习生）、郑如轩（实习生）、曹可卿（实习生）

项目名称：悬亭
项目详细地址：深圳市宝安区洋涌路8号附近
项目设计年份：2020年2月—2020年4月
项目完成年份：2020年9月
建筑面积：290m²
设计团队：章明、张姿、秦曙、李雪峰、项聿兮、张奕晨（实习生）

项目名称：九子公园纸鸢屋
项目详细地址：上海市黄浦区成都北路1018号
项目设计年份：2018年3月—2019年12月
项目完成年份：2020年9月
建筑面积：126.4m²
设计团队：章明、张姿、丁纯、王绪男、王祥、岳阳、夏孔深、王绪峰

项目名称：九子公园亭厕
项目详细地址：上海市黄浦区成都北路1018号
项目设计年份：2018年3月—2019年12月
项目完成年份：2020年9月
建筑面积：235.8m²
设计团队：章明、张姿、王绪男、丁纯、岳阳、李泊衡（实习生）

项目名称：老杨之家（住宅+民宿）
项目地点：四川省什邡市冰川镇天桥村
项目设计年份：2017年4月—2017年7月
项目完成年份：2017年12月
建筑面积：258m²（改造部分：127m²，新建部分：131m²）
设计团队：章明、张姿、王瑶、席伟东、肖镭、冯珊珊

项目名称：老兵之家
项目地点：河南省平顶山市山头村
项目设计年份：2018年6月—2018年7月
项目完成年份：2018年8月
建筑面积：70m²
设计团队：章明、张姿、席伟东、曹凯奕（实习生）

项目名称：2019 SUSAS空间艺术季主展场入口安检棚
项目详细地址：上海市杨浦区杨树浦路468号
项目设计年份：2018年12月—2019年7月
项目完成年份：2019年9月
建筑面积：1400m²
设计团队：章明、张姿、秦曙、苏婷、李雪峰、余点（实习生）、
靖振奇（实习生）

项目名称：船坞论坛
项目详细地址：上海市杨浦区杨树浦路468号
项目设计年份：2018年12月—2019年7月
项目完成年份：2019年9月
建筑面积：1100m²
设计团队：章明、张姿、秦曙、潘陈超、李雪峰、张琦（实习生）、
余点（实习生）、曹可卿（实习生）

项目名称：水上论坛（第十届中国花卉博览会配套用房）
项目详细地址：上海市崇明区东风公路
项目设计年份：2020年4月—2020年8月
项目完成年份：2021年4月
建筑面积：1020m²
设计团队：章明、张姿、范鹏、肖镭、常哲晖

项目名称：亭林有座
项目详细地址：上海市杨浦区四平路1239号同济大学建筑学院
B楼F2
项目设计年份：2018年9月
项目完成年份：2018年10月
设计团队：章明、张姿、吴雄峰

项目名称：飞鸟亭
项目详细地址：上海市黄浦区南苏州路新闸路桥旁
项目设计年份：2018年3月
项目完成年份：2019年12月
设计团队：章明、张姿、刘炳瑞、王绪男、丁阔

项目名称：燕几之翼
项目详细地址：深圳市宝安区洋涌路26号附近
项目设计年份：2020年2月—2020年4月
项目完成年份：2020年9月
建筑面积：940m²
设计团队：章明、张姿、秦曙、余点（实习生）

项目名称：中石化第一加油站
项目详细地址：上海市黄浦区南苏州路198号
项目设计年份：2018年3月
项目完成年份：2020年9月
建筑面积：222.64m²
设计团队：章明、张姿、王绪男、张林琦、丁纯、王祥、郭璐炜、
刘皓（实习生）

项目名称：樱花谷
项目详细地址：上海市黄浦区南苏州路198号附近
项目设计年份：2018年3月
项目完成年份：2020年9月
设计团队：章明、张姿、王绪男、丁纯、张林琦、王祥、郭璐炜、
张岳（实习生）

作者简介

章明

同济大学教授，博士生导师，2011年至今先后任建筑系副主任和景观学系主任；同济大学建筑设计研究院（集团）有限公司原作设计工作室主持建筑师，国家一级注册建筑师，英国皇家建筑师协会RIBA特许会员。分别于1992年、1995年、2008年于同济大学获建筑学学士、建筑学硕士和工学博士学位，曾赴日本研修，法国留学。

兼任住房和城乡建设部科学技术委员会建筑设计专业委员会委员，中国建筑学会竞赛工作委员会、科普工作委员会委员，中国建筑学会建筑改造和城市更新专业委员会副主任，中国建筑学会小城镇建筑分会副会长，上海市历史风貌区和优秀历史建筑保护专家委员会委员，上海市建筑学会建筑创作学术部主任、建筑设计专业委员会副主任、注册建筑师分会副会长。

张姿

同济大学建筑设计研究院（集团）有限公司原作设计工作室设计总监，国家一级注册建筑师，英国皇家建筑师协会RIBA特许会员。分别于1991年、1995年于同济大学获工学（城市规划）学士、建筑学硕士学位，曾赴意大利帕维亚大学研修。兼任上海市建筑学会建筑创作学术部委员。连续三年荣获AD100"中国最具影响力建筑设计精英"。

　　章明和张姿将设计视为建筑与建筑、建筑与环境、建筑与人之间相互关系的感知与应答方式，其作品获得包括亚洲建筑师协会建筑奖金奖、全国优秀工程勘察设计行业奖一等奖、中国建筑学会建筑创作金奖、中国建筑设计奖金奖、WAF世界建筑节年度大奖、香港建筑师学会两岸四地建筑设计大奖金奖、中国威海国际建筑设计大奖赛金奖、教育部优秀工程勘察设计奖一等奖等诸多国内外建筑奖项。

　　作品多次赴境外展出，曾参与法国里昂中国建成遗产展、意大利米兰三年展、德国柏林Aedes展、美国哈佛设计学院展、釜山国际建筑文化季、韩国首尔世界建筑大会等；作品曾刊载于《Architectural Review》、《Casabella》、《Architecture China》、《建筑学报》、《时代建筑》、《世界建筑》、《城市·环境·设计》、《建筑技艺》、《当代建筑》、Archidaily网站、谷德设计网等重要建筑媒体。

图书在版编目（CIP）数据

芥子之境：原作的建构实验 / 章明，张姿著. ——
北京：中国建筑工业出版社，2021.7
ISBN 978-7-112-26363-9

Ⅰ.①芥… Ⅱ.①章… ②张… Ⅲ.①建筑设计—研
究 Ⅳ.①TU2

中国版本图书馆CIP数据核字（2021）第139174号

"国家重点研发计划"（2018YFC0704902）资助项目

统筹策划：鞠　曦
平面设计：鞠　曦　李妍慧　莫羚卉子
英文校对：张　洁　秦　雯
图纸绘制：余　点　张奕辰　朱达轩　吴炎阳　鞠　曦　王绪男　郭璐炜　等
项目摄影：章鱼见筑（原状照片及图下特殊标注照片除外）
责任编辑：刘　静　陆新之
责任校对：姜小莲

芥子之境
原作的建构实验
章明　张姿　著

＊

中国建筑工业出版社出版、发行（北京海淀三里河路9号）
各地新华书店、建筑书店经销
北京锋尚制版有限公司制版
北京雅昌艺术印刷有限公司印刷
＊

开本：880毫米×1230毫米　1/16　印张：23¾　字数：731千字
2021年10月第一版　2021年10月第一次印刷
定价：**288.00**元
ISBN 978-7-112-26363-9
　（37915）